I0040252

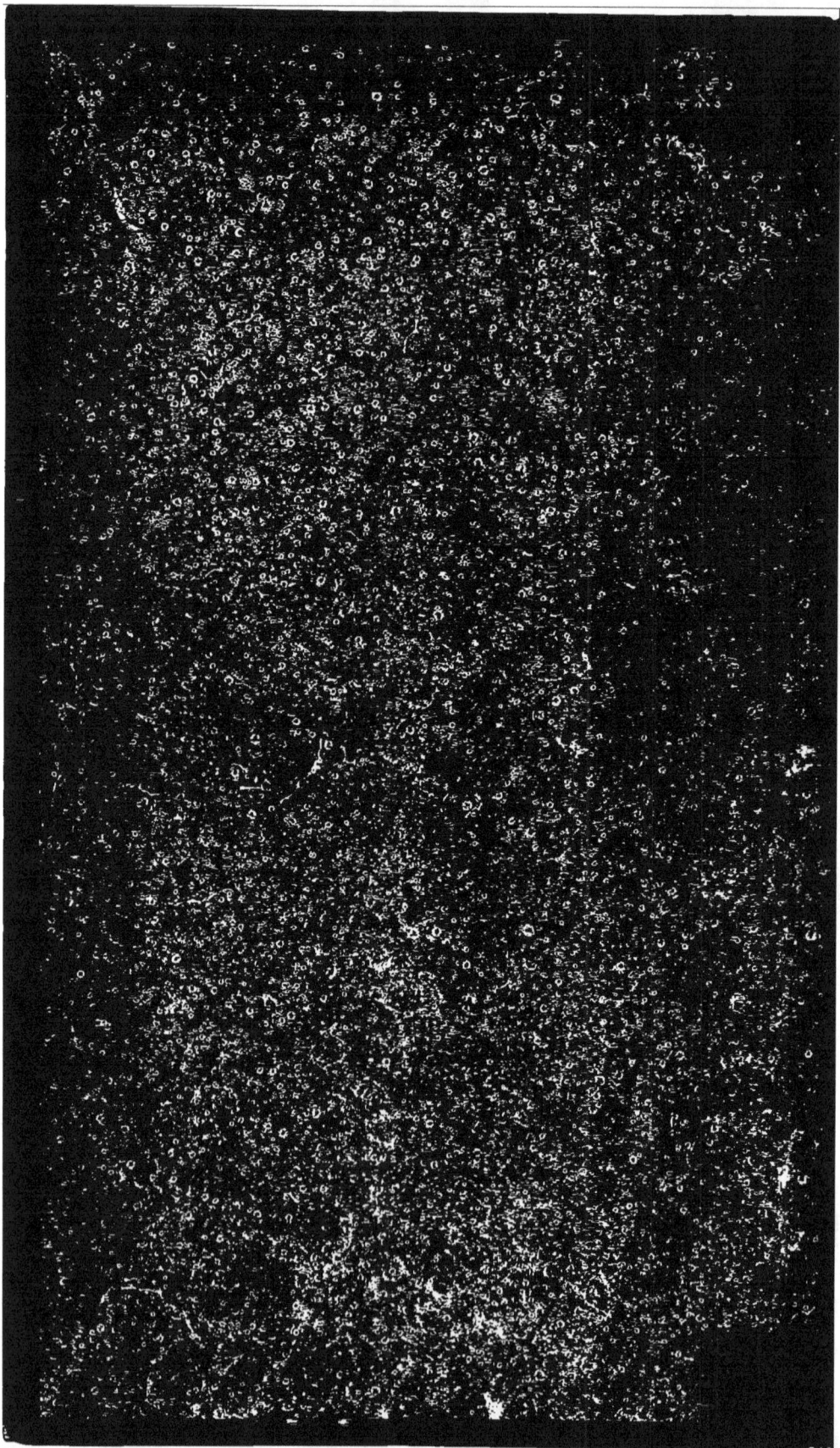

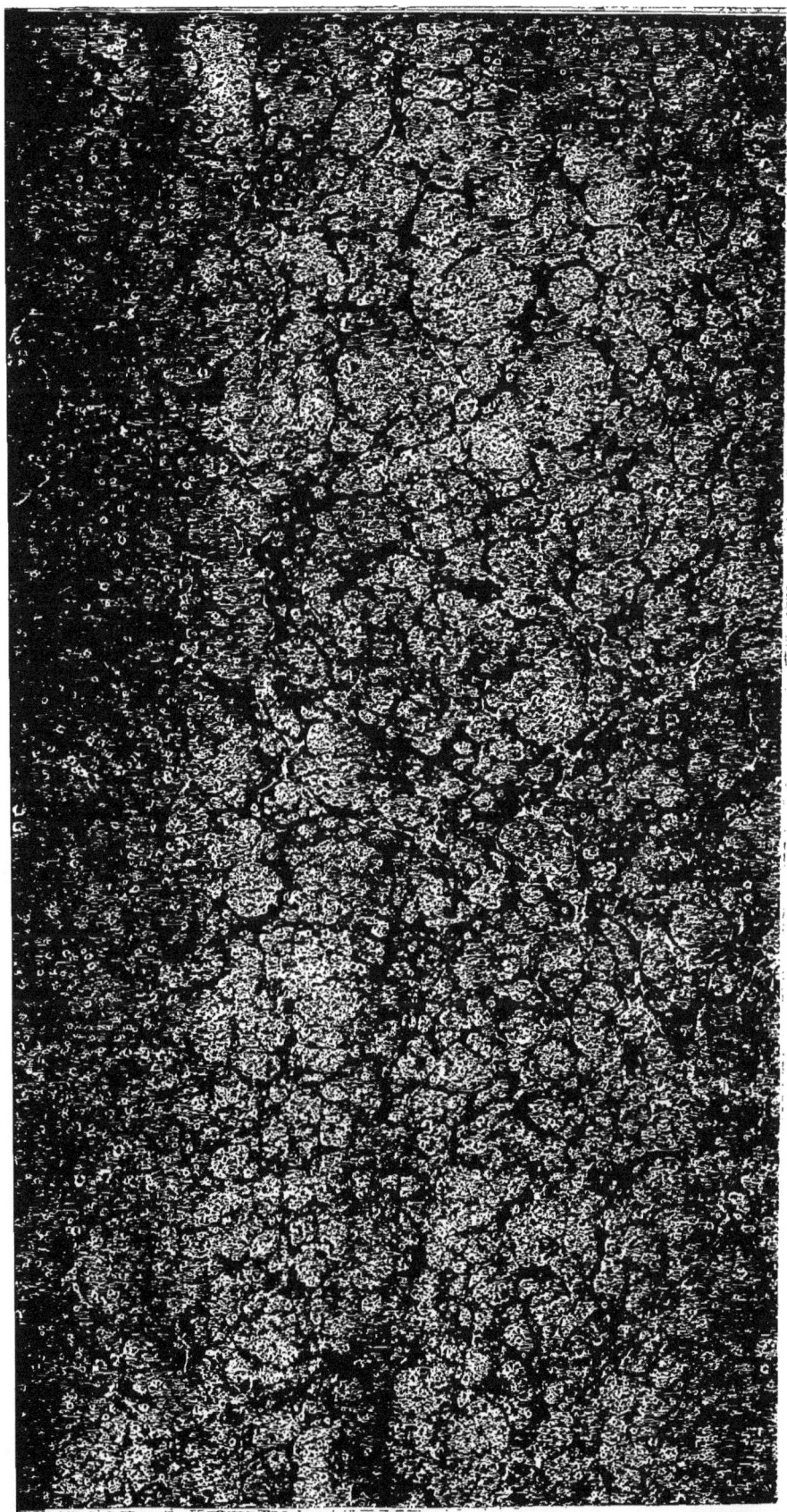

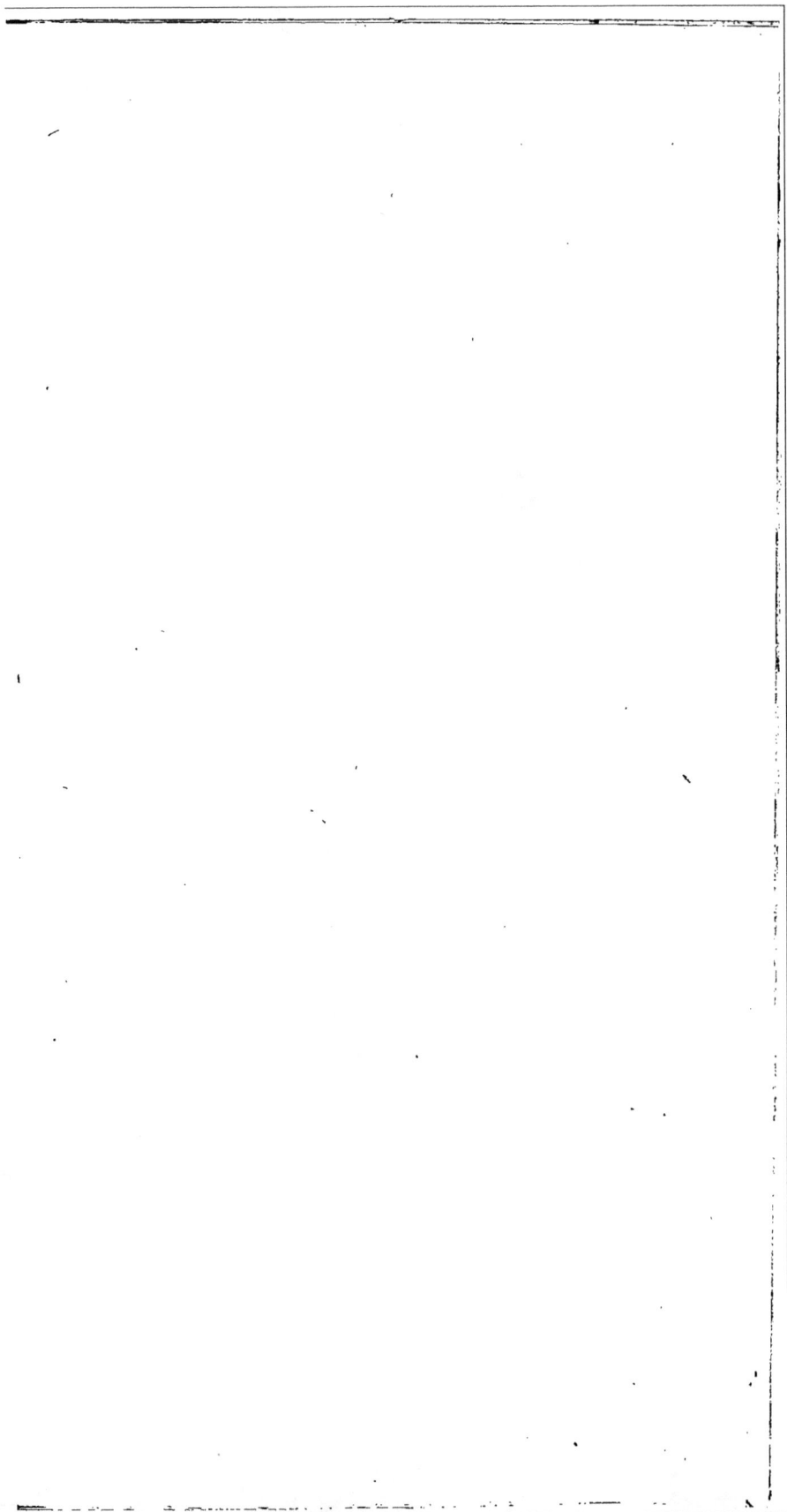

Nᵒ 395

FAITS

ET

OBSERVATIONS,

*Sur la question de l'exportation des
mérinos et de leur laine hors du territoire français ;*

Par MM. GABIOU, YVART, TESSIER, etc.

A PARIS,

DE L'IMPRIMERIE DE MADAME HUZARD
(née VALLAT LA CHAPELLE),
rue de l'Éperon-Saint-André-des-Arts, N°. 7.

1814.

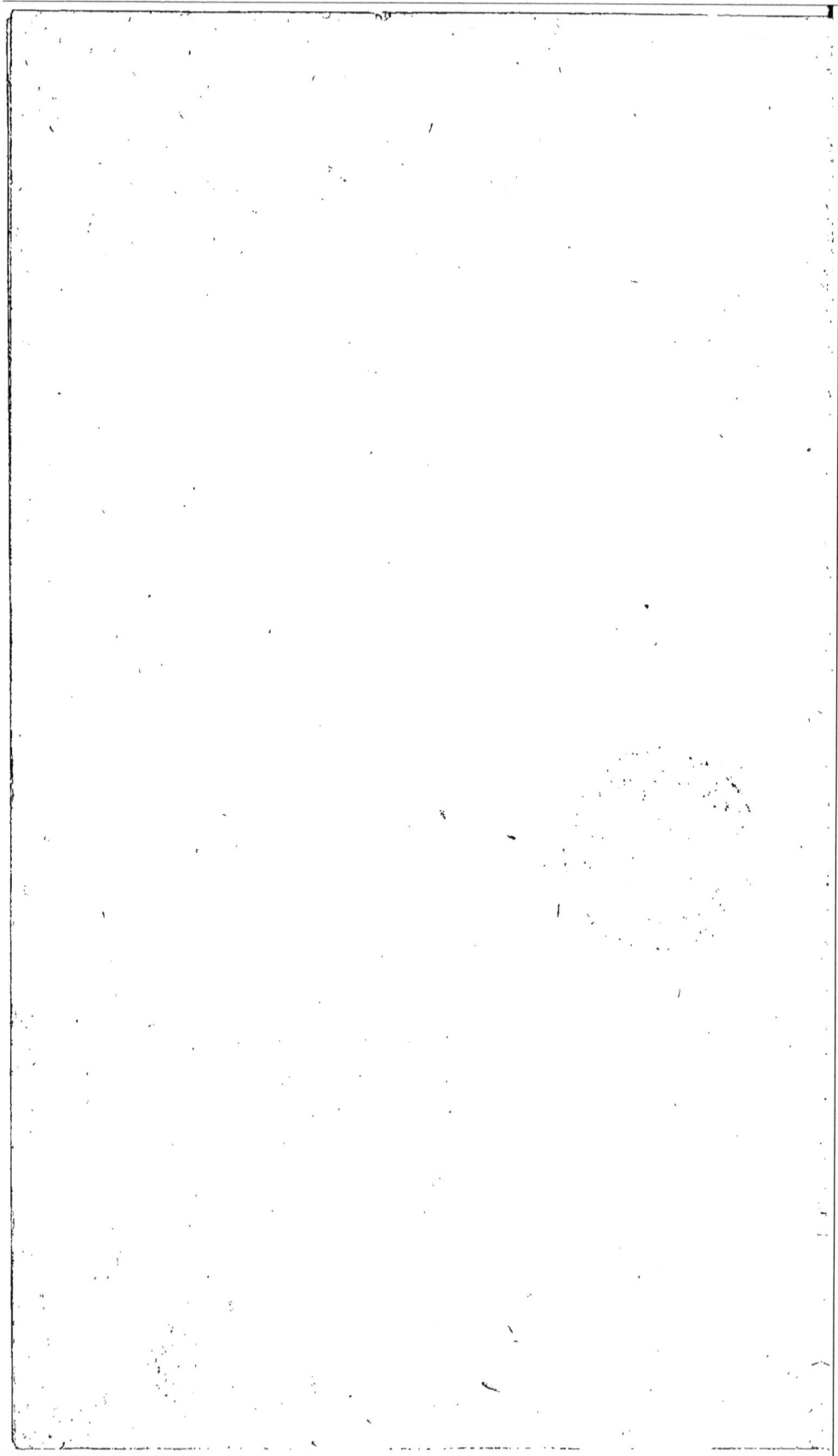

LETTRE

*A M. le Directeur général de l'agriculture,
du commerce et des manufactures, sur la
nécessité de permettre l'exportation des
laines de mérinos français ;*

Par M. Gabiou,

*Ancien notaire à Paris, propriétaire cultivateur, membre de la
Société royale d'agriculture et du Jury pastoral de la Seine,
membre de la Société d'encouragement, et correspondant de celle
des sciences physiques, de médecine et d'agriculture d'Orléans.*

Monsieur le directeur général,

Les propriétaires de mérinos peuvent donc
enfin faire entendre leurs justes réclamations,
et ils ont maintenant en vous, à qui les adresser;
vous êtes leur protecteur naturel. Honoré de
la confiance du Roi et du ministre, vous la
justifiez par la pureté de vos intentions et par
l'étendue de vos lumières, par votre équité
comme par votre application aux affaires.
Que de raisons pour les propriétaires de mérinos d'espérer qu'ils obtiendront justice !

1 *

Vous savez déjà, M. le directeur général, que je veux vous entretenir de la prohibition d'exportation des laines de mérinos français. J'ai eu l'honneur de vous en toucher deux mots chez vous ; mais ce n'est point dans une audience de quelques instans qu'on peut traiter une question, pour peu qu'elle soit importante. Je n'entreprends même point d'approfondir celle dont il s'agit ici ; je ne veux, Monsieur, que vous présenter quelques considérations générales, et discuter la loi sur laquelle on appuie la prohibition. On la regarde comme constante, dans vos bureaux ; j'espère prouver, moi, qu'elle n'existe point, ou du moins qu'elle n'est nullement applicable aux laines fines, provenant des mérinos français ; que cette extension n'a jamais été dans l'esprit du législateur ; qu'elle est donc une souveraine injustice qu'il faut faire cesser du moment qu'elle est signalée, à moins qu'on ne veuille continuer tous les maux qu'elle a faits et aux propriétaires, et à l'industrie de l'éducation des mérinos, et à l'agriculture, ce qui à coup sûr, Monsieur, n'est pas et ne sera jamais dans vos intentions.

Je ne puis, d'abord, me dispenser de vous faire, Monsieur, un abrégé historique des obstacles qu'a éprouvés l'introduction des mérinos en France, et des tribulations de tout genre que ceux qui s'en sont mêlés ont eu à souffrir.

Des Français, amis de leur pays, conçoivent l'idée de lui procurer une nouvelle source de richesses nationales, en y introduisant la race des mérinos; quelques propriétaires les secondent; le zèle des uns et des autres est méconnu. Les essais pourtant sont heureux, et promettent de grands résultats. La gent routinière des fermiers se soulève; elle est excitée par l'intérêt particulier des commerçans en laines, qui craignent de voir détourner la route du commerce de laines fines qu'ils font avec l'Espagne, et duquel ils tirent des bénéfices d'autant plus considérables qu'on peut plus difficilement les évaluer. Les manufacturiers, méconnoissant leurs vrais intérêts, se liguent avec eux. Ils avancent, d'un commun accord, les assertions les plus fausses et les plus décourageantes. Les mérinos ne pourront jamais s'acclimater en France, leur laine dégénérera, ils sont trop délicats à élever, ils coûtent trop cher à nourrir, la viande n'en est pas bonne. Sur ces propos, personne n'en veut acheter, des fermiers refusent d'en recevoir en pur don, à la seule charge de les soigner.

La révolution arrive, et suspend les essais.

L'établissement de Rambouillet, formé par Louis XVI, est à la veille d'être détruit. Il est sauvé par le zèle courageux de la commission d'agriculture dont faisoient partie MM. *Gilbert, Tessier* et *Huzard.* L'état de prospérité dans lequel elle le met bientôt, malgré tous les obstacles qu'on lui oppose, rappelle l'attention sur les mérinos ; des propriétaires les recherchent ; de nouveaux troupeaux sont tirés d'Espagne, qui donnent enfin aux mérinos une valeur réelle ; et ces mêmes fermiers, qui n'en avoient pas voulu pour rien, les achètent à Rambouillet à des prix fort élevés.

De nouvelles objections sont faites alors par les manufacturiers et les négocians en laines. Les mérinos se sont bien acclimatés en France, mais la laine de ces mérinos devenus français n'a pas le même degré de finesse, ni la même élasticité que celle des mérinos espagnols. MM. *Vassali-Eandi* et *Morel de Vindé* font des expériences qui prouvent sans réplique que les laines de France égalent en finesse, et surpassent en élasticité les laines d'Espagne. Eh bien ! une grande différence existe entre les draps fabriqués avec les laines d'Espagne, et ceux fabriqués avec les laines fines de France ; ces derniers sont bien plus secs et durent bien

moins que les autres. Des expériences compa-
ratives sont encore faites qui réduisent de nouveau les adversaires au silence.

Les batteries changent : et s'il est donné à la
vente des mérinos un mouvement général, qui
encouragera leur reproduction, et finira par
ce résultat désiré de réduire des prix trop élevés
à des prix raisonnables, il s'en faut bien que
les laines aient acquis leur véritable valeur.
Par l'effet des menées qu'on emploie, elles
sont achetées à 40 pour 100 au-dessous de ce
que coûteroient rendues en France de pareilles
laines tirées d'Espagne. Les moyens d'exercice
de ce monopole ne sont pas bien difficiles aux
marchands de laines; ils se concertent, et
fixent entre eux d'avance, chaque année, les
prix auxquels ils achèteront. Puis, s'assignant
les départemens que chacun d'eux devra par-
courir, ils prennent isolément chaque propriétaire de mérinos ou chaque fermier chepte-
lier, et ne lui offrent que le prix qu'ils ont
arrêté de ne pas dépasser. Il faut bien que
ceux-ci cèdent au besoin de vendre, placés
d'ailleurs, comme ils le sont, dans l'impossibilité de vendre à d'autres qu'à ces marchands.
Mais ces marchands ne sont déjà plus les seuls
qui attaquent les propriétaires : un décret vient

de leur porter un coup funeste ; il défend l'exportation des beliers et des brebis mérinos de
France.

De toutes parts les propriétaires se plaignent.
Le gouvernement feint de vouloir encourager
la production des laines fines et l'amélioration
des laines françaises ; mais il a cru voir que
l'exercice pour son compte de la branche d'industrie de l'éducation des mérinos lui rappor-
teroit de gros bénéfices ; un projet de décret
est donc présenté pour couvrir la France de
bergeries impériales et de dépôts de beliers :
sous prétexte des avantages de la transhuma-
tion des troupeaux, il donnera à l'agriculture
française les lois du conseil de la Mesta si funestes à l'agriculture espagnole ; il procurera
au gouvernement les moyens de s'emparer de
l'industrie de l'éducation des mérinos. Le projet est repoussé, tant les intentions en sont
évidentes, et tant les effets en seroient désastreux. Il se résout en un décret de création de
dépôts de beliers qui arrètent tout court la
vente et des beliers et des brebis de race pure.
Ils tombent au tiers de leur prix, ou plutôt
même les propriétaires ne peuvent plus vendre
que des beliers, encore n'est-ce qu'au gouvernement, qui ne les paie même que le prix qu'il

veut. La perte est immense pour le propriétaire, et la punition pour l'autorité est qu'elle fait tous les ans une perte de 3 à 400,000 francs.

Dans le même temps, le gouvernement avoit confisqué en Espagne, à amis et ennemis, à des Français mêmes, une quantité considérable de laines fines, il les vend à vil prix à cause de l'état d'avarie où elles sont pour la plupart. Des capitalistes en avoient aussi tiré d'Espagne, et ils les mettent également sur la place. Trente mille balles de laine viennent aussi encombrer nos magasins, et pourvoir pour plusieurs années aux besoins de nos manufactures. Les propriétaires de mérinos français ne peuvent plus vendre leurs laines, à quelque prix que ce soit.

Toutes ces circonstances sont aggravées encore par l'état des affaires publiques. La guerre devient plus furieuse que jamais. Les manufactures de draps fins n'écoulent plus leurs produits à cause de la gêne où se trouvent tous les citoyens. Les laines communes qui servent à la confection des draps des troupes sont les seules recherchées, parce qu'il n'y a plus que des soldats en France, et elles sont vendues aussi cher que les laines fines. Le découragement est au comble chez les propriétaires de mérinos. Fatigués des pertes continuelles que les erreurs du gouvernement lui ont fait éprouver depuis quatre ans, ils renoncent la plupart à une spéculation ruineuse; les chepteliers de troupeaux de race pure laissent périr leurs bêtes de misère et de faim, et le nombre des mérinos diminue de tout côté en France.

Alors un nouveau décret est rendu; l'idée en est heureuse: il crée une foire aux laines à Paris pour soustraire les propriétaires au monopole des marchands. Un établissement, qui appelleroit la concurrence des acheteurs et des vendeurs, feroit cesser en effet tout monopole. On y joint un lavoir. On promet d'y joindre une caisse d'avance; mais elle n'est pas créée, et l'établissement ne produit d'autre effet encore que de montrer l'animosité des marchands contre tout empêchement mis au monopole(1).

_____

(1) L'idée d'une foire aux laines étoit bonne, mais j'ai la preuve que le gouvernement détruit a moins pensé aux propriétaires de laines fines, qu'à faire une affaire d'argent, et qu'il n'a voulu que s'emparer de l'industrie du lavage des laines, comme il a voulu s'emparer de l'industrie de l'éducation des mérinos, comme il s'étoit emparé de tant de branches d'industrie et du commerce. Si l'établissement de la foire aux laines reste dans les mains du gouvernement, je prédis qu'il ne procurera qu'un avantage de peu de durée, et qu'il ne sera nullement utile aux propriétaires de mérinos; et je le prouve dans un mé-

Pour mettre le comble à tant de tribulations, l'étranger envahit la France. Tout ce qui ne peut être soustrait en troupeaux de race pure aux recherches avides du soldat, devient la proie de sa voracité, et les mérinos sont détruits par-tout. Le peu que le malheureux cultivateur en sauve est réduit à mourir de faim. Des réquisitions faites coup sur coup ont enlevé tous les fourrages. Les malheurs sont communs pour tous les habitans des campagnes; la perte est décuple pour le propriétaire de mérinos.

Enfin la paix est rendue à l'Europe. Elle est avantageuse à tous, elle va ranimer toutes les branches d'industrie, elle va assurer à chacun l'exercice de ses droits de propriété industrielle ou foncière. Mais quand les propriétaires de mérinos croient toucher au terme de leurs maux, et pouvoir jouir aussi de la paix, voilà qu'au nom

_____

moire que je vais faire imprimer. J'y propose au gouvernement de l'abandonner à la masse de ces propriétaires, qui régiroient, au moyen des préposés actuels, par des administrateurs gratuits, nommés parmi eux à tour de rôle; j'y prouve que le gouvernement trouveroit son compte dans l'établissement ainsi organisé, et en tireroit tous les ans une somme fixe et assurée; que les consommateurs, les propriétaires, les marchands de laines et les manufacturiers, y auroient aussi chacun leur avantage.

des intérêts du commerce , la guerre leur est
déclarée de nouveau par les manufacturiers et
les marchands de laines. Voilà que, profitant de
l'impatience qu'a l'administration de remédier
promptement aux maux produits par le dernier gouvernement, ils l'obsèdent, ne lui laissent le temps de rien examiner, et lui persuadent
qu'elle ne suivra que les anciens erremens en
continuant une défense d'exportation des laines
de mérinos, qui devient aujourd'hui le coup
de grâce pour les propriétaires de troupeaux
de race pure.

Que veulent donc ces marchands ? Comment
ont-ils le courage de demander encore la défense du libre commerce des laines de mérinos,
quand ils savent les pertes énormes éprouvées
par les propriétaires ? eux qui sont toujours si
ardens à solliciter des encouragemens, des pri-
viléges, des brevets en faveur des producteurs,
eux qui crient si haut qu'il faut que leurs manufactures *fleurissent* (ils veulent dire leur
produisent de gros bénéfices), de quel front
osent-ils solliciter l'autorité d'obliger les propriétaires de mérinos à abandonner leurs laines
à un prix de 30 pour 100 au-dessous de ce
qu'elles coûtent aux producteurs ! Ne veulent-
ils que tuer l'industrie de l'éducation des mé-

rinos en France , afin de ne plus trouver que dans l'étranger des laines fines à l'aide d'un commerce dont les bénéfices concentrés entre un petit nombre resteront inconnus ? Qu'ils soient tranquilles ; ils n'auront pas long-tems à manœuvrer. Je leur garantis qu'avant trois ans ils n'y aura pas dix troupeaux de race pure en France. Les consommateurs verront alors si c'est en leur faveur , et pour faire baisser le prix des draps, que les marchands ont sollicité si ardemment l'achèvement de la ruine des propriétaires de mérinos.

Je ne puis expliquer cet acharnement de la part des marchands , et la constance inouïe que mettent à souffrir les propriétaires et les cultivateurs, que par la différence d'esprit de chaque profession.

Le cultivateur a naturellement les idées libérales, il ne s'inquiète que de produire ; ami de tous les hommes, il n'a intérêt , il ne tend qu'à les servir tous , il ne demande que la paix et la liberté de vendre ses denrées.

Le marchand n'a en vue que le bénéfice, et il le cherche par-dessus tout ; les hommes et les choses ne sont rien pour lui, si elles ne lui procurent quelque gain. Il brisera le nouvel instrument de travail , il détruira une partie de

productions qui enrichiroit la société; il per-
sécutera un plus industrieux que lui, s'il en
craint quelque chose pour ses intérêts. Le
monde entier doit être son tributaire, et les
maux qui affligent l'humanité ne sont pas tout-
à-fait des maux, si son commerce en profite.

Tel est le marchand, et tel sa profession
veut qu'il soit. Cela ne l'empêche pas d'être
loyal en affaires, d'avoir de la bonne foi et de
l'exactitude à remplir ses engagemens; d'être
même généreux quand il ne s'agit pas d'affaires
de son commerce. Dans l'ordre général, ses
défauts sont utiles, et un administrateur aussi
habile que vous, Monsieur, saura toujours bien
se garder des vices inhérens à chaque état; il
fera plus, il saura en tirer parti.

Quoi qu'il en soit, dans cette lutte élevée aujourd'hui entre les propriétaires et les cultivateurs d'une part, les marchands de laines et les
manufacturiers de l'autre, le gouvernement
sacrifiera-t-il les premiers aux seconds! non :
il sait qu'ils concourent tous à la prospérité de
l'état, que la France est pourtant encore plus
agricole qu'elle n'est commerçante; que l'agriculture n'y a jamais reçu des encouragemens
réels; que le commerce et les manufactures en
ont eus, au contraire, de toute espèce à ses dé-

pens ; qu'il y a aujourd'hui cette circonstance particulière en faveur des propriétaires, que l'impôt foncier est énorme, et que lui et le cultivateur sont ruinés par les réquisitions, le pillage et l'incendie, quand, au contraire, les négocians, les gens à portefeuille, en ont été quittes pour quelques pertes mobilières faciles à réparer.

Il sait sur-tout, le gouvernement, que si c'est le cultivateur qui procure l'abondance (source de la concorde), ce sont les continuelles demandes d'exercice de monopole exclusif qui entretiennent les haines nationales et ont excité la plupart des guerres les plus meurtrières. Sans remonter plus haut, c'est au nom de l'intérêt du commerce, c'est à la grande satisfaction des fileurs de coton, que le traité d'Amiens est rompu, et que se fait une guerre qui moissonne dix millions d'hommes en Europe. Il est vrai que les fileurs français parviennent à tripler pour les consommateurs de leur pays le prix des cotons manufacturés, à arrêter les progrès de notre agriculture ; à ruiner même notre commerce, qui ne peut plus exporter nos vins, nos grains, nos toiles, nos batistes, nos ouvrages d'imprimerie et d'orfévrerie, etc., etc. ; mais qu'importe aux fileurs

pourvu que leurs *filatures fleurissent :* ce n'é-
toit point à eux à dire qu'ils s'efforçoient vai-
nement d'acclimater en France une industrie
exotique qui n'y pouvoit prospérer, et à prévoir qu'ils seroient les dernières victimes de
leur avidité, et que de cinq cents filatures de
coton établies en France par la direction forcée
donnée à l'industrie humaine, il n'en subsis-
teroit pas la vingtième partie à la fin de la
guerre. Judicieux *Sully,* qu'aurois-tu pensé
des décevantes expositions des produits de notre
industrie *cotonnière,* toi qui disois et répétois
toujours, *labourage et pâturage sont les
deux mammelles de la France?*

Les marchands et les manufacturiers ex-
cipent d'une loi qui prohibe l'exportation des
laines, et se croient bien forts en disant qu'ils
ne demandent que la continuation de ce qui
s'est pratiqué jusqu'à présent.

Examinons cette loi qui est du 26 février
1792. Voyons ce qu'elle porte, et si elle fait
une aussi grande autorité qu'on veut le faire
croire.

D'abord en quel temps, et par qui cette loi
a-t-elle été rendue? Dans un temps d'égare-
ment général, où les esprits étoient en révolte
contre le bon sens et la raison, aussi bien que

contre

contre l'autorité légitime, et où, pour arriver
à l'attentat le plus grand que les hommes puissent commettre, on renversoit tous les principes d'ordre et de propriété, qui sont les barrières du trône. Quels sont aussi les auteurs
de la loi ? Ce sont les parties même intéressées.
Personne n'ignore que c'étoient en effet les comités de nos assemblées législatives qui, dans
les matières de peu d'intérêt, faisoient les lois,
et que la masse des députés n'intervenoit jamais pour voter en connoissance de cause que
dans les affaires d'un intérêt majeur ou général.
L'affaire de l'exportation des laines étoit de
bien peu d'importance à la fin de février 1792,
pour des hommes qui méditoient le renverse-
ment de la monarchie. C'est sur le rapport du
comité de commerce, composé uniquement
de commerçans ; c'est de pleine confiance en
lui, c'est sans discussion et d'urgence, afin que
rien ne pût être examiné, que l'assemblée lé-
gislative rendit son décret. Il suffit d'en lire le
considérant pour se convaincre que c'est l'intérêt personnel qui a profité de l'exagération
des idées, pour tourner à son profit particulier
l'esprit de parti. « L'assemblée nationale, dit
» le décret, considérant . . . qu'elle doit . . . .
» priver les ennemis de la chose publique de

» la faculté de faire passer à l'étranger, en
» matières premières, la masse de leurs capi-
» taux » L'avidité mercantile perce-t-elle assez,
et s'empare-t-elle là assez facilement de l'esprit de parti? Il lui suffit de le réveiller. Il ne
verra pas combien le considérant est faux sous
tous les rapports : combien même il est absurde
dans l'intérêt du parti. Ces mots , *les ennemis
de la chose publique*, ont suffi pour l'aveu-
gler : ce sont de terribles ennemis en effet que
les propriétaires de laines, que les cultivateurs
qui produisent les matières premières; ils tiennent à leurs propriétés, aux lois qui les leur
assurent; au prince qui les protège; ils ont
pour devise, *pro aris et focis*. Que de tort aux
yeux de marchands qui ne tiennent qu'au pays
où il y a des gains à faire, et qui ont pour
maxime principale, *ubi bene, ibi patria*!

En second lieu, le décret ne défend que *provisoirement* l'exportation des laines; seroit-ce
que les membres du comité de commerce auroient vu, à la disposition des esprits de l'assemblée, qu'ils n'obtiendroient jamais cette
défense, si désastreuse, de l'exportation, si
l'on venoit à examiner les principes? Seroit-ce
qu'ils auroient jugé prudent de ne demander
d'abord que le provisoire, bien sûrs que, d'a-

près le caractère connu des cultivateurs et propriétaires et des marchands, le provisoire finiroit
par emporter le fond. En ce cas, je leur dois
un nouvel hommage pour leur habileté ; elle a
eu tout le succès qu'ils en attendoient.

Ne seroit-ce pas plutôt qu'au milieu des erreurs de partis et de l'intérêt personnel, le comité de commerce auroit senti que la mesure
de défense d'exportation des laines, ne pouvoit
être justifiée que par la circonstance particulière de la guerre, qui se déclaroit alors entre
la France et l'Autriche, ni être proposée que
provisoirement, tant que les hostilités dure-
roient ; mais alors les commerçans d'aujour-
d'hui ont bien enchéri sur leurs prédécesseurs,
puisqu'après vingt-deux années de jouissance
d'un provisoire, dont ils ont si bien tiré parti à
l'aide de la guerre, ils s'obstinent à vouloir qu'il
devienne définitif, aujourd'hui que la paix est
faite, et qu'aucune des raisons de circonstances
qui avoient fait établir ce provisoire ne subsiste
plus.

En troisième lieu, à l'époque où fut rendu
le décret, les laines fines, provenues de mérinos français, ne pouvoient pas compter dans
le commerce. Au commencement de 1792, il
n'y avoit en France, en troupeaux de race

2 *

pure, que celui de Rambouillet, qui appartenoit au Roi, et cinq ou six autres, peu nombreux, sur lesquels les propriétaires faisoient
leurs expériences. Les laines réunies de tous
ces troupeaux n'eussent pas fourni vingt balles
de laines lavées. Aussi le décret ne fait-il aucune distinction de laines fines et de laines communes; et l'on ne peut dire que ce soit une
omission; car pour marquer qu'il ne veut rien
omettre, il mentionne *les laines filées ou non
filées.*

Il suit de là que le législateur n'a jamais voulu
comprendre dans le décret les laines fines de
France. Et en effet, on ne peut douter que, si
le comité de commerce s'étoit avisé de proposer de faire entrer dans la prohibition d'exportation quelques balles de laines fines, provenant d'expériences faites pour procurer à la
France une nouvelle source d'industrie et de
richesses, ou que si l'on eût deviné qu'il vouloit atteindre d'une manière détournée ces
balles et celles qui seroient la suite de la continuation des essais, on ne peut douter, dis-je,
que le comité d'agriculture eût été éconduit
dans sa demande; puisque, suivant les commerçans, grands partisans (par intérêt) du
système prohibitif et réglementaire, c'est une

obligation de la part des gouvernemens d'encourager, non pas seulement par des exemptions, mais même par des primes en argent,
l'établissement, dans un pays, de toute nouvelle branche d'industrie qui peut le mettre à
même de se passer de ses voisins.

Ainsi donc s'écroule pour les marchands de
laine cet appui de la loi de 1792, sur lequel
ils comptoient tant. Il est évident qu'elle ne
dit rien qui défende directement ou indirec-
tement d'exporter les laines de mérinos français, que le législateur a voulu les exempter,
et qu'à l'égard de toutes les laines communes
elle n'en défendoit la sortie de France que
provisoirement, et à raison seulement de circonstances, qu'ont fait cesser enfin la paix de
l'Europe, et l'heureux rétablissement des
Bourbons sur le trône de leurs pères.

Mais certes, il est dur qu'une mesure provisoire, établie par la passion et l'intérêt personnel, ait duré pendant vingt-deux ans ; ils est
doublement dur pour les propriétaires de mérinos qu'on la leur ait aussi faussement appli-
quée, à eux qui, j'ose le dire, méritoient
la reconnoissance publique pour leur invin-
cible persévérance à faire le bien de leur pays ;
et aucune réclamation n'a été faite en leur

faveur ! et ils ont été abandonnés par l'administration chargée de les défendre ! Pourquoi
aussi n'étoient-ils pas des négocians : ils auroient assiégé les bureaux. Ils s'imaginoient
qu'il leur suffisoit d'être dans leurs champs et
à leurs troupeaux, depuis le point du jour jusqu'au coucher du soleil : pauvres gens ! Ils
méritent bien de porter deux charges, d'être
écrasés d'impôts et de réquisitions, et en même
temps empêchés de vendre leurs denrées.

Il est vrai qu'un des Ministres, qui leur a
fait le plus de mal, a imaginé, pour les dédommager, de promettre *des primes d'encoura-*
gement consistant en médailles d'or et d'argent
à ceux d'entre eux qui produiroient les plus
belles laines : un encouragement de deux louis
à celui à qui l'on fait perdre 15 ou 20,000 francs
par an ! une médaille d'honneur pour amortir
l'effet d'un monopole qu'on a concédé ! quelle
conception !

La conséquence de cette discussion, M. le
directeur général, est que, comme on a pourtant appliqué la loi de 1792 aux laines de mérinos français, on a commis par cette application une grande injustice. Je vous demande
de la faire cesser. Il ne s'agit pas de rapporter
le décret, il s'agit seulement de reconnoître

l'erreur que j'ai signalée, et de ne pas continuer à donner au décret une extension qui est l'injustice la plus révoltante, et la plus préjudiciable en même temps aux droits des propriétaires de mérinos français.

Mais la mesure est urgente; et ce n'est pas seulement parce qu'il est urgent toujours de faire cesser une injustice, c'est parce que celle-ci sera irréparable pour peu qu'on tarde à vouloir la réparer.

Et en effet, vous n'ignorez pas, M. le directeur général, qu'il n'y a qu'une époque dans l'année pour la vente des laines, ou du moins pour faire le cours de leur prix; c'est celle de la tonte des troupeaux, et nous y sommes: cette époque coïncide avec celle de la première vente qui va se faire à la foire, le 4 juillet prochain, aucune autre n'ayant pu avoir lieu jusqu'à présent à cause des circonstances publiques.

Or, si les marchands de laines et les manufacturiers ne savent pas que les propriétaires de laines fines vont avoir enfin, comme les autres producteurs, le droit de vendre leurs denrées au prix de concurrence, il est hors de doute qu'ils continueront les manœuvres dont ils se sont si bien trouvés jusqu'à présent,

et qu'à cette vente publique du 4 juillet prochain
les laines tomberont encore au-dessous du vil
prix auquel elles sont depuis plusieurs années.

Si cela est malheureusement, savez-vous ce
qui arrivera, Monsieur? Eh bien, j'ai l'honneur de vous assurer (et ceci appelle l'attention d'un administrateur tel que vous) que
les propriétaires de mérinos, ceux qui ont
résisté jusqu'à présent, renonceront, dès cette
année même et pour toujours, à leur spéculation; que la précieuse branche d'industrie de
l'éducation des bêtes à laines fines sera donc
perdue à jamais pour la France, et qu'ainsi
disparoîtront les nombreux avantages qu'elle
commençoit à procurer à notre agriculture.

Oui, ceci n'est point une exagération, les
propriétaires de mérinos font des pertes continuelles depuis trop long-temps, et des pertes
trop considérables; ils ne peuvent plus les
continuer, ils ne peuvent pas nourrir leurs
troupeaux d'espérances. Si l'administration,
revenue à des principes libéraux, ne pouvoit
mettre autant d'empressement qu'elle le désire,
sans doute, à réparer les torts envers eux de
l'ancienne administration, c'en seroit fait, il
ne leur resteroit plus qu'à gémir de cette
cruelle destinée qui les condamne à être tou-

jours victimes des événemens. Il ne leur resteroit plus qu'à livrer leurs troupeaux pour qu'ils
soient égorgés dans les boucheries. Que sais-je
même, Monsieur, si cette mesure que je sollicite de votre justice ne sera pas tardive pour
cette année, et si les marchands de laines n'ont
pas pris tous les moyens de la paralyser? Ils se
vantent, du moins très-publiquement, que
les réclamations des propriétaires n'aboutiront
à rien. N'ai-je pas tout lieu de l'appréhender,
d'après certain argument que j'ai entendu faire
à une personne bien placée pour connoître parfaitement les marchands et tous leurs moyens ?

Mais, dira-t-on peut-être, cette crainte de
manœuvres et de coalitions de la part des marchands est chimérique, puisque les laines
seront vendues aux enchères à la foire, et que
tout le monde pourra se présenter aux ventes.
Eh! qui donc ignore aujourd'hui que dans les
ventes de coupes de bois, dans les ventes de
domaines nationaux, dans celles de denrées
coloniales ou autres, cent enchérisseurs appa-
rens se réduisent à deux ou trois tout au plus,
qui sont les prête-noms de deux ou trois com-
pagnies, et qui achètent pour le compte de
leurs associés respectifs ? Les marchands de
laines sont bien autrement habiles, et ils n'au-

roient pas la maladresse de se diviser (ils craignent trop la destruction de leur empire). Il n'y a jamais qu'un acheteur dans les ventes publiques ou particulières. Tous les marchands de laines, à la tête desquels figurent un ou deux fabricans, dont les énormes fortunes proviennent bien moins de leur manufacture que de leurs achats de laines, ne font qu'une société entre eux : elle exerce son despotique empire sur les autres fabricans. Les plus forts, que leurs principes éloignent d'elle, et que leurs moyens de crédit mettent hors de sa dépendance, n'ont aucun intérêt d'attaquer cette société ; et, quant aux petits manufacturiers, s'ils s'avisoient de vouloir lutter contre elle, en prétendant acheter eux-mêmes directement, ils seroient bientôt mis de côté, et traités en ennemis, outre que la plupart d'entre eux n'auroient même pas de moyens personnels suffisans pour soutenir la lutte. Ainsi la prohibition de l'exportation des laines de mérinos français que quelques personnes croyent être utiles à nos manufactures, pour ensuite la juger avantageuse aux consommateurs, n'est véritablement avantageuse qu'à un très-petit nombre de marchands qui dirigent la société à leur gré, et couvrent fièrement leur intérêt personnel de

l'intérêt du commerce de là France. Après
s'être procuré à vil prix les laines, ils les
vendent au prix qu'ils veulent aux manufacturiers, parce que, les possédant toutes, ils
sont les maîtres du prix ; et ce prix encore,
grâce à leur habileté, ils peuvent le dissimuler de cent manières à l'aide des opérations de
lavage et de divisions de qualités qu'ils font de
ces laines, comme à l'aide des intérêts et profits
de commerce qu'ils tirent des facilités de paie-
ment accordées par eux aux manufacturiers.
Voilà ce qui explique les colossales fortunes
d'un ou de deux chefs de ligne de la société du
monopole du commerce des laines de mérinos
français ; et à côté d'eux sont ruinés les propriétaires ! Voià bien le *sic vos non vobis* (1).

Que les marchands osent répondre, et je
leur donnerai la preuve de la vérité de ce que
j'avance, et je saurai puiser encore à la source
des révélations, et je dirai tout ce que je veux
bien m'abstenir de dire ici.

---

(1) Je parois confondre les marchands de laines et les
manufacturiers. On doit voir maintenant que je ne les
confonds point ; mais comme quelques-uns des marchands
sont manufacturiers, je me sers indistinctement quelquefois des mots marchands et manufacturiers.

J'ai avancé qu'avec les mérinos disparai-
troient les avantages qu'ils promettoient à l'a-
griculture, et que les progrès qu'elle avoit faits
depuis leur introduction en France seroient
arrêtés. Cette considération, M. le directeur
général, est de la plus grande importance, et
néchappera certainement pas à votre sagacité.
Les marchands-manufacturiers de draps ne
voyent que le plus grand avantage de leurs manufactures particulières; les propriétaires de
laines fines ne voyent que leurs droits de producteurs lésés, et la perte pour chacun d'eux
de leurs troupeaux. Vous, Monsieur, vous
verrez découler d'une mauvaise mesure la dès-
truction totale en France d'une des branches
les plus précieuses de l'agriculture française ;
vous verrez cette destruction porter le coup le
plus funeste à notre nouveau système agricole.
Tous les hommes savent voir le présent ; il n'y
a que le petit nombre des hommes comme vous
qui sache lire dans l'avenir, et prévoir les conséquences des principes qu'on veut poser.

Il est incontestable que c'est depuis que les
troupeaux de mérinos ont été introduits en
France, que l'agriculture française à pris un
nouvel essor, a abandonné de vieilles et vi-
cieuses pratiques, et introduit un système de

culture dont l'expérience a confirmé la bonté.
C'est aux mérinos qu'on doit la culture en
grand, inusitée jusqu'à eux, des prairies artificielles, nécessaires pour les nourrir. C'est
à l'abondance des fourrages qu'ils doivent à
leur tour d'avoir pu se multiplier. C'est leur
nombre qui a fourni la grande quantité d'engrais, et c'est cette grande quantité d'engrais
qui a permis de pouvoir supprimer les jachères. Cette suppression a fait imaginer elle-
même une meilleure succession de culture qui
a augmenté les avantages du système ; et chacune de ces parties devenant tour-à-tour cause
et effet, il y a eu tout à la fois et plus de troupeaux, et plus de fourrages pour eux, et une
plus grande abondance de grains pour la nourriture de l'homme. Telle ferme produisoit à
peine, dans l'ancien système, 400 setiers de blé,
et ne pouvoit pas nourrir 300 bêtes à laine,
qui en nourrit aujourd'hui 800, et produit 600
setiers de blé tous les ans. A quoi le doit-elle ?
A ce que les 300 moutons de race commune
que ce fermier y tenoit pendant six mois de
l'année seulement, y sont remplacés par des
mérinos que le propriétaire y entretient pendant
toute l'année.

Mais, dira-t-on, peut-être, le mouvement est

donné par les troupeaux mérinos ; il sera continué par les troupeaux communs. Non, Monsieur, cela ne se pourra pas ; jamais les troupeaux communs ne remplaceront les mérinos ; et la raison en est bien simple , c'est que le bénéfice que donne aux fermiers la spéculation de l'engrais des troupeaux pour la viande , est bien loin de suffire aux dépenses de la culture des prairies en grand , et qu'il n'y a pas un fermier qui, se livrant à cette spéculation, ne préfère de vendre le produit de ses prairies artificielles plutôt que de la faire consommer par ses troupeaux. Il les nourrit de paille la plupart du temps, et la perte de bêtes que le défaut de nourriture lui occasionne est moindre encore que ce qu'il manqueroit à gagner en ne vendant pas ses fourrages. Voilà pourquoi les fermiers n'ont des troupeaux communs qu'en petite quantité, et n'en gardent même qu'une portion pendant l'hiver, suivant ce qu'ils veulent ou peuvent sacrifier de paille. On peut sur ces faits consulter les fermiers, pas un ne les niera. Pourquoi les gens appelés à prononcer ne vouloient-ils pas connoître ces faits ni consulter les hommes de la chose ? Ils croyoient leur honneur compromis à paroître ignorer des détails qu'ils n'avoient pas eu besoin d'étudier, et ils

ne voyoient pas qu'ils compromettoient l'intérêt public par leur faux orgueil.

Ainsi , Monsieur , jamais les troupeaux de
race commune ne pourront remplacer les troupeaux de race pure ; jamais même ils ne seront
établis sur les fermes en aussi grande quantité
que les premiers. Le grand nombre actuel des
moutons diminuera donc , car il est dû aux
mérinos , et n'a lieu que par eux. Qu'ils dis-
paroissent , et de toute leur quantité , sera diminuée sur le sol de la France la quantité
de bêtes à laine qui s'y trouvent ; seront di-
minués les engrais ; seront diminuées les prairies artificielles ; sera diminuée enfin la culture
des céréales. Il suffit pour s'en convaincre de
visiter un certain nombre de fermes, on re-
connoîtra bientôt que les troupeaux les plus
nombreux sont les troupeaux de mérinos ,
comme les terres les mieux cultivées sont celles
où ils existent ; tandis que les terres où le système des jachères est maintenu sont celles où il
n'y a que des troupeaux de race commune.

Une autre cause aussi des progrès de l'agriculture , c'est que des propriétaires s'en sont
mêlés , et qu'ils ont voulu se livrer eux-mêmes
à la culture de leurs champs. C'est un goût
qui gagne de plus en plus , et il est à désirer

qu'il devienne plus grand encore? L'expérience
a prouvé qu'il n'y a que des propriéta res qui
puissent améliorer la culture. Eux seuls osent
et peuvent faire les avances que réclame la
terre, eux seuls tentent et suivent avec persévérance les essais : leur éducation leur donne,
plus qu'aux gens de la campagne, l'esprit et
l'habitude de combiner ; et, l'agriculture étant
surtout une science de combinaison, ils ont
de ce côté de grands avantages, qui font plus
que compenser les désavantages qu'ils ont
d'un autre côté. Or à quoi les propriétaires doi-
vent-ils ce goût de la culture ? Ils le doivent
principalement à l'introduction en France des
mérinos. Ils n'ont voulu faire d'abord sur ces
précieux animaux qu'une spéculation qui promettoit de grands avantages, et ils ont reconnu
bientôt que, pour le succès de leur spéculation,
il falloit qu'ils étudiassent, qu'ils suivissent,
qu'ils soignassent eux-mêmes leurs troupeaux,
puisque tout étoit encore à apprendre sur ce
point. Ils se sont donc livrés entièrement à la
culture, qui leur a donné des jouissances in-
connues en même temps qu'elle leur a donné
des moyens d'être utiles à leur pays. Mais
hélas ! ils ont été bien mal payés de leur zèle
et de leur courage. Chaque acte de l'autorité
publique

publique leur a occasionné des pertes. Si les
choses ne changent pas enfin pour eux, et
qu'il leur faille renoncer à leurs troupeaux, ne
doutez pas, Monsieur, que, dans leur découragement, ils ne renoncent à leur culture.
Mais, je le répète avec douleur, ce sera un
coup mortel porté à l'agriculture française,
et qui arrêtera long-temps ses progrès.

On affecte de craindre que, si le commerce
des laines étoit libre, les propriétaires de mérinos français ne s'empressassent de vendre leurs
laines aux étrangers; quelle misérable crainte!
est-ce qu'à prix égal, les étrangers n'achèteront pas toujours les laines plus cher que
les nationaux, puisqu'au prix de la chose ils
auront encore à joindre les frais de transport
et les droits de douane (car il en sera mis à la
sortie des laines de France pour concilier la
faveur due à nos manufactures avec les justes
droits des propriétaires); et si les fabricans
étrangers achètent nos laines plus cher que nos
fabricans, ils seront obligés de vendre aussi
leurs draps plus cher.

Nos manufactures n'auront donc point à
craindre dans leur commerce au-dehors la
concurrence des draps étrangers. Est-ce que
les propriétaires français n'auront pas naturel-

lement aussi plus de disposition et d'avantages
à traiter avec des français dont ils connoîtront
les moyens qu'avec des étrangers qu'ils ne connoîtront que d'une manière indirecte? Non,
non, ce n'est pas là ce que craignent les marchands de France: ce qu'ils craignent, c'est que
la concurrence des marchands étrangers au
marché public ne porte les laines superfines
françaises à leur prix véritable, et ne tue pour
eux un monopole si doux à exercer. C'est au
gouvernement à voir de quel côté sont la raison
et la justice.

Comme il seroit trop fort de la part des marchands de demander crûment l'exercice du
monopole, ils ne manquent pas de mettre en
avant l'intérêt des consommateurs tout aussi
bien que celui des manufacturiers. J'ai fait
voir tout-à l'heure en quoi les manufacturiers
profitoient du monopole des marchands ; quant
aux consommateurs, je ne vois pas ce qu'ils
pourront gagner à l'exercice du monopole du
marchand, si les manufacturiers n'y gagnent
pas grand'chose. Mais dussent-ils en profiter
un peu, il n'est pas de leur intérêt que les propriétaires de mérinos soient ruinés et obligés
d'abandonner leur spéculation, parce qu'alors
la France iroit acheter au-dehors les laines su-

perfines, et qu'on paie toujours plus cher ce qu'on va chercher au loin que ce qu'on a chez soi. L'intérêt bien entendu des consommateurs est au contraire que l'industrie de l'éducation des mérinos prospère en France. Plus elle y prospérera, et plus la spéculation invitera à s'y livrer; plus il y aura de producteurs, plus leur concurrence fera baisser le prix des laines; moins donc le consommateur les paiera, jusqu'à ce que les choses en soient venues au point que les prix de vente n'offrent plus que les bénéfices naturels au genre de la spéculation; c'est ce qui arrive à toutes les manufactures, à tous les genres d'industrie, et ce qui est dans l'intérêt général. Mais jamais la baisse des prix ne doit arriver par des secousses violentes; quand elle arrive insensiblement dans une marchandise, elle ne produit aucun mal, parce que les marchandises analogues baissent dans la même proportion : ce sont les secousses qui, en rompant les rapports naturels des choses entre elles, produisent tous les maux, bouleversent les fortunes, et déplacent les hommes et les états.

Au reste, une preuve que ce n'est point à la cherté des laines que tient actuellement le haut prix des draps, comme les marchands

veulent le faire croire, pour mettre de leur
bord le consommateur qui ne réfléchit point,
c'est que jamais les laines fines n'ont été plus
abondantes et à meilleur marché qu'elles le
sont depuis une dixaine d'années, depuis que
les mérinos se sont si fort multipliés en France;
et cependant les draps sont doublés de prix en
France de ce qu'ils coûtoient avant la révolution, et ils sont moins bien fabriqués, et l'on
y met moins de matière première qu'autrefois. Le prix de la laine qui entre dans une
aune de drap n'est presque rien en comparaison
du prix que cette aune de drap se paie aujour-
d'hui. Ce n'est pas la matière, c'est la main-
d'œuvre qui est chère.

La recherche des causes d'un renchérisse-
ment aussi prodigieux tient à l'honneur de
tous ceux qui concourent aux objets de production de nos manufactures de draps et autres ouvrages en laines, et à leur tête je met-
trai les propriétaires de mérinos qui fournissent la matière première ; sans laquelle ce seroit bien en vain que les autres voudroient
faire emploi de leur industrie manufacturière;
viendront ensuite les marchands, les laveurs
de laines et les manufacturiers. Eh bien ! que
chacune de ces classes montre ce qu'elle a mis

de capitaux en avant pour son fonds primitif, ce qu'elle en emploie annuellement, ce qu'elle fait de bénéfices tous les ans, de combien son capital s'accroît; en un mot que chacun présente son inventaire appuyé de pièces justificatives : qu'y verra-t-on ? Que, malgré le malheur des temps, nos manufacturiers gagnent en masse annuellement plus de 30 pour 100 de leurs capitaux, et nos négocians en laines bien plus encore, tandis que, depuis cinq ans, les propriétaires de mérinos font des pertes continuelles et considérables. J'en connois qui ne perdent pas moins de 100,000 francs sur leurs troupeaux, et l'un d'eux m'assure même n'en être pas quitte pour 300,000 francs. Ils ont des valeurs réelles, ils n'en peuvent tirer aucun parti, grâce à l'habileté des marchands, et aux erreurs qu'a commises coup sur coup l'ancienne administration.

Les consommateurs sont, sans contredit, ceux que le gouvernement doit avoir toujours en vue dans l'encouragement de toute branche d'industrie, mais c'est leur intérêt bien entendu, celui de tout les temps et non pas celui du moment qu'il faut voir; autrement tout seroit bientôt épuisé et toute source de richesses bientôt tarie.

Les marchands et les fabricans de draps ne veulent-ils pas de cette distinction ? Eh bien, moi je suis consommateur de draps, et je ne vois pas pourquoi, forcé de vendre mes laines exclusivement à des fabricans français pour qu'ils les aient à meilleur marché, je n'aurois pas, par réciprocité, le droit d'exiger d'eux qu'ils ne vendent désormais leurs draps qu'en France, afin que mes compatriotes et moi, nous ne les payions plus aussi cher que par le passé. Je vous supplie en conséquence, M. le directeur général, de vouloir bien proposer à Sa Majesté la défense d'exportation à l'étranger des draps et autres étoffes fabriqués en France ; ce système n'est pas plus absurde que l'autre. J'ai en sa faveur l'exemple d'un acte du parlement d'Angleterre, qui, sous le règne d'Edouard III, prohiba l'exportation des laines manufacturées.

Ils ont vraiment bonne grâce, nos marchands manufacturiers, de demander aujourd'hui la continuation de la prohibition de l'exportation de nos laines superfines ; comment ! ils gagnent à la paix actuelle d'être débarrassés de la concurrence de toutes les fabriques de la Belgique, dont les produits surpassent de beaucoup ceux des fabriques françaises, et ils

ne sont pas contens ! et ils veulent, dans leurs
achats de laines, être encore débarrassés de la
concurrence de ces mêmes fabriques qui ne seroient plus admises à se fournir à nos marchés !
Oh ! c'est trop aussi de deux gains à-la-fois ;
qu'ils ne gardent pas pour eux seuls les bénéfices de la paix, et que les propriétaires de mérinos ne soient pas les victimes de cette paix,
si heureuse pour tout le monde, quand ils l'ont
été si long-temps de la guerre.

Vous voyez, M. le directeur général, que
si je n'avois pas prouvé que la loi du 26 février 1792 n'a jamais prohibé l'exportation des
laines provenant de mérinos français, il me
seroit facile de montrer que cette loi, dont les
résultats se sont trouvés adoucis pour les propriétaires de laines fines, quand ils avoient, pour
les écouler, et les manufactures françaises et les
manufactures flamandes ; que cette loi, dis-je,
auroit pour eux les conséquences les plus funestes, aujourd'hui que le débouché de ces
dernières manufactures leur manque, et qu'ils
sont réduits, par la paix, au seul débouché
de nos manufactures ; en un mot, vous voyez
que l'état des choses étant changé, la loi devroit
être changée aussi.

Le grand argument des marchands de laines

et des manufacturiers, est que c'est un des premiers principes de la science économique de conserver dans un pays les matières premières qu'il produit, et de ne les livrer à l'étranger que quand elles sont ouvragées, afin de faire faire à l'habitant tout le bénéfice de la main-d'œuvre.

D'abord, je ne connois point de principe absolu en économie politique. Dans cette science, comme en médecine, l'étude fait connoître les principes; c'est l'habilité qui sait les appliquer, et même les faire fléchir au besoin. Le malheur est que l'ignorant se prétend habile; ce n'est que quand le mal est fait, que la faute est reconnue.

En second lieu, la difficulté n'est pas de savoir une vérité, c'est de savoir, de toutes les vérités, celle qui va à la chose. Rien de plus difficile que de bien voir l'état d'une affaire, de bien poser la question. Il faut se réserver le bénéfice de la main-d'œuvre, soit; mais il faut aussi se maintenir en paix avec ses voisins. Cette vérité n'est pas moins incontestable que la première : à laquelle donnerez-vous la préférence? A la première : eh bien! vos voisins adopteront par réciprocité votre système, et ne vous donneront point une matière première qui vous manque, et qui auroit entretenu un genre d'industrie auquel vous êtes propre ; ou peut-être votre refus empêchera-t-il un traité de commerce avantageux, ou même occasionnera-t-il une guerre ruineuse.

En troisième lieu, pourquoi voulez-vous réserver à l'habitant tout le bénéfice de la main-d'œuvre? c'est pour qu'il ait du travail, répondez-vous : fort bien ! Mais s'il en a, si ce sont les bras qui manquent chez vous, refuserez-vous de livrer aux étrangers des matières premières dont vous ne pouvez pas tirer parti, et qu'ils vous rendroient, chargées d'un droit de travail, il est vrai, mais enfin converties en objets propres à votre usage. On voit par tous ces exemples, que je pourrois multiplier, que ce prétendu principe de la science économique des fabricans est sujet à tant et tant d'exceptions, qu'il ne signifie presque rien, et n'est bon qu'à servir au besoin de réponse aux gens qui veulent bien se contenter de mots.

En quatrième lieu, si la laine est, généralement parlant, matière première, n'est-ce pas une question à examiner au moins que celle de savoir si, quand il s'agit d'être juste, et de conserver à la France une branche d'industrie nouvellement acclimatée, à l'aide de laquelle seulement elle peut se procurer chez elle des laines superfines, qu'il lui faudroit aller chercher à l'étranger ; si , dis–je, ces laines superfines, fruits de soins et de travaux constans et de peines toutes particulières, doivent être confondues de nom , quand elles ne le sont point de fait , avec les laines que la nature produit spontanément en France. Que la chimie fût parvenue à affiner les laines des moutons de la Flandre autrichienne, par exemple, au point dé les rendre propres à la fabrication de nos draps fins, ces laines arrivant de la Flandre seroient matière première, et cesseroient de l'être en France, après avoir subi les opérations chimiques. Elles deviendroient et mériteroient d'être reputées laines ouvragées. Eh bien ! qu'on ait aux propriétaires la même obligation qu'on auroit aux chimistes , puisque l'effet produit par ceux-ci ne seroit pas autre que celui produit par les premiers. Les fabricans de draps exaltent beaucoup les travaux de leurs manufactures ; à coup-sûr, ils n'ont pas, depuis vingt-cinq ans, produit dans leurs ouvrages des choses aussi étonnantes que l'ont fait les propriétaires en acclimatant, en faisant prospérer les mérinos en France, malgré tous les obstacles qu'ils ont eu à vaincre.

Mais , dira-t-on encore ; l'Angleterre nous donne elle-même l'exemple de la prohibition de l'exportation des laines non ouvragées ; elle défend cette exportation avec la dernière rigueur.

Je réponds que ce n'est jamais l'autorité des hommes qui me convainc , que ce n'est que celle de la raison. Les écrivains anglais , les plus forts en économie politique , ont démontré par des argumens sans réplique l'absurdité et tous les inconvéniens de la prohibition : on l'a maintenue pourtant ; mais comme maintenir n'est pas répondre , je conclus seulement de l'exemple de l'Angleterre que l'intérêt personnel et la crainte de froisser de vieilles idées l'emportent souvent sur la raison chez les hommes les plus faits pour la reconnoître. La loi date en Angleterre de plus de deux cents ans ; on ne me dira pas qu'on fût alors bien avancé dans la science économique. Les commerçans ont toujours eu en tout temps , dans les deux chambres , une bien autre influence que les propriétaires. Pourquoi leur intérêt ne l'auroit-il pas emporté ? L'intérêt personnel ne parle-t-il pas là comme ailleurs ? Et n'y a-t-il pas aussi de ces erreurs que la pauvre humanité ne veut avouer qu'après des siècles ?

Pour en citer une seule : pendant dix-huit cents ans, on a regardé comme une usure en France et dans d'autres pays, de tirer des intérêts des sommes non aliénées à constitution. La raison a fait justice de cette erreur, et personne ne se fait plus scrupule de prêter à intérêt, quoiqu'il n'aliène pas ses fonds. La société y a gagné.

Enfin, pour dernière raison, qu'un bon administrateur, un homme à grandes vues, reconnoisse une erreur publique, mais accréditée par un long espace de temps, et faisant un préjugé national ; quoiqu'il en sente bien tous les inconvéniens, aura-t-il toujours le courage de vouloir la détruire pour y substituer la vérité et introduire un nouvel ordre de choses plus juste, plus raisonnable, plus utile ? Hélas! non : il gémira, il sacrifiera le bien de son pays à sa tranquillité et à la crainte d'échouer. Combien y a-t-il d'hommes d'état qui aient le courage d'avoir de la conscience politique ? Je suis sûr qu'en Angleterre, des centaines de membres de la chambre des pairs et des communes, n'ont pas osé parler contre la loi de prohibition absolue d'exportation des laines, toute détestable qu'ils la trouvoient; ils se trouvoient arrêtés par la crainte de se dépopulariser.

Mais d'ailleurs, cette loi fût-elle aussi bonne
en Angleterre qu'elle me paroît mauvaise, y
a-t-il parité pour la question entre l'Angleterre
et la France? il y a, au contraire, une très-
grande différence. L'Angleterre est essentiellement manufacturière, et les premiers sacrifices y sont faits aux intérêts des manufactures.
La France est essentiellement agricole, et son
agriculture réclame de toutes parts des encouragemens. L'Angleterre possède des moutons
qui produisent des laines longues, propres sur-
tout à faire des étoffes rases; et parmi ces moutons il en est d'une race unique qu'aucune
autre nation n'a pu se procurer encore. La
France a des mérinos très-beaux, dont la laine
est de la plus grande finesse; mais l'Espagne,
la Saxe, mais l'Angleterre elle-même, et toutes
les nations, en ont de cette race et peuvent en
fournir au grand marché de l'Europe. Enfin,
en Angleterre (et c'est là la grande différence),
la viande est à haut prix; le bénéfice que
fait le cultivateur anglais, par la vente de ses
moutons nourris à l'engrais, est suffisant pour
le remplir de ses avances et lui donner le salaire
de ce genre d'industrie. Tout ce qu'il y ajoute
par la vente de ses laines est un gain de plus.
Il ne sera donc jamais réduit à abandonner sa

spéculation, parce que ses laines ne se vendront pas tout ce qu'il les vendroit si le marché étoit libre. Il ne perd vraiment pas, il ne fait qu'un moindre bénéfice, par la mesure prohibitive. En France, le mérinos coûte fort cher à nourrir, comparativement aux moutons de race commune, et il s'en faut bien que le prix de sa viande puisse couvrir la dépense de sa nourriture et des soins particuliers qu'il demande. Il n'y a que le prix de sa laine qui puisse dédommager le propriétaire et lui offrir un bénéfice. Si la laine ne se vend pas le prix naturel que lui donneroit la concurrence, il perd réellement, et il perd d'autant plus que le prix du mérinos, qui n'est jamais considéré que comme producteur de laine, est naturellement réglé par le revenu qu'il donne, par le prix auquel se vendent les laines. Il faut que le propriétaire abandonne sa spéculation parce qu'elle le ruineroit.

Ainsi, d'après la différence qui existe pour la question entre l'Angleterre et la France, quand même le premier pays seroit fondé dans ses raisons d'empêcher la sortie de ses laines, le second n'a aucun motif de suivre son exemple. Il doit, au contraire, suivre un système tout-à-fait opposé, puisque les choses y sont dans une position tout-à-fait différente.

Je me résume, M. le directeur général.

J'ai prouvé que la loi du 26 février 1792 n'étoit que provisoire, et elle a été maintenue pendant vingt-deux ans.

J'ai prouvé que le législateur n'avoit jamais voulu ni pu vouloir comprendre dans la prohibition d'exportation les laines de mérinos français, et on les y a comprises par une extension aussi arbitraire qu'injuste.

J'ai prouvé que cette défense toute arbitraire de l'exportation avoit été adoucie, du moins jusqu'à présent, par la concurrence des marchands français et des fabricans de la Belgique ; mais qu'elle se feroit sentir toute entière aujourd'hui, parce que les Belges se trouvent maintenant écartés du marché pour l'achat de nos laines comme pour la vente de leurs draps.

J'ai prouvé que la demande du maintien de la prohibition n'étoit qu'une demande d'exercice du monopole ;

Que ce monopole ne profiteroit ni aux consommateurs ni aux manufacturiers ;

Qu'il ne tourneroit qu'au profit de quelques marchands qui se coalisent, et ne présentent jamais entre eux qu'un seul acheteur, maître de fixer les prix qu'il veut par le défaut de concurrence.

J'ai prouvé que l'exercice de ce monopole avoit fait essuyer des pertes considérables aux propriétaires de mérinos français, qui ne pouvoient plus continuer de perdre, et dont beaucoup déjà avoient renoncé à leur spéculation, et j'ai montré que, de toutes parts aussi, les fermiers chepteliers abandonnoient leurs troupeaux.

J'ai prouvé que ce monopole si funeste ruineroit entièrement les propriétaires, s'il étoit maintenu plus long-temps;

Qu'il étoit à craindre que, dès cette année même, ceux des propriétaires qui ont résisté jusqu'à présent ne finissent par envoyer à la boucherie ce qui reste de troupeaux de race pure en France, et n'en fassent ainsi disparoître la race;

Qu'ils s'y montrent déterminés, s'ils ne voient enfin l'administration revenir à leur égard à des principes de justice, de respect pour la propriété, et de liberté de commerce;

Que la ruine des propriétaires de mérinos ne sera pas le seul effet de la continuation plus long-temps prolongée du monopole;

Qu'il en résultera inévitablement la destruction de l'une des branches les plus précieuses de l'industrie agricole ;

Qu'il en résultera que l'agriculture française sera arrêtée dans les progrès qu'elle avoit faits par la multiplication des mérinos en France ;

Qu'il en résultera la chute du système de la suppression des jachères, système qui commençoit à produire de si grands avantages, et qui nous auroit assuré en agriculture la supériorité sur nos voisins.

J'ai montré les tribulations de tout genre éprouvées par les propriétaires de mérinos, qui sont tous propriétaires fonciers ;

Que l'ancienne administration n'avoit fait aucun acte qui ne leur eût été fatal ;

Qu'ils avoient été victimes de tous les événemens et de toutes les erreurs publiques ou particulières ; qu'ils étoient ceux qui, dans les derniers temps, avoient le plus souffert des maux de la guerre, ceux sur qui étoient tombées toutes les réquisitions, auxquelles les marchands avoient pu et su fort bien se soustraire.

J'ai fait voir aussi qu'ils avoient toujours été sacrifiés aux prétendus intérêts des manu-

factures, qui ne sont que les intérêts de quelques marchands de laines.

J'ai fait voir que les agitations de ces marchands ne sont que la continuation de leurs
premières manœuvres pour empêcher l'introduction des mérinos en France, et qu'ils n'ont
jamais voulu que faire revivre pour les laines
fines un commerce avec l'étranger qu'ils pourroient concentrer entre un petit nombre d'élus,
et qui ne permettroit pas au manufacturier de
traiter directement avec le propriétaire de
laines fines.

J'ai fait voir qu'il falloit se tenir continuellement en garde contre les demandes des marchands; et que, tandis que le cultivateur entretient par-tout la paix et l'abondance, leurs
demandes à eux fomentent les haines nationales,
et occasionnent des guerres qui portent de tous
côtés la désolation, la ruine et la mort.

J'ai montré combien étoit ridicule la crainte
que les propriétaires ne vendissent de préférence leurs laines aux étrangers, et j'ai prouvé
que leur intérêt les porteroit toujours, au
contraire, à les vendre aux manufactures de
France.

J'ai discuté ce prétendu principe de la science
économique de la fabrique des manufacturiers,

qu'il ne faut laisser sortir d'un pays aucune de
ses matières premières qui n'aient été ouvragées. J'ai fait voir combien ce principe est susceptible de modifications, et combien il prête à
l'arbitraire ; et, par la difficulté même de l'appliquer et de l'accorder avec d'autres principes
bien moins incontestables, j'en ai démontré
la fausseté.

J'ai fait voir qu'en supposant même le principe vrai en soi, il ne seroit point applicable aux
laines de mérinos, qui, encore nouvellement
introduites en France, et à raison des soins
extrêmes que les troupeaux de race pure
demandent pour y prospérer, doivent être
considérées comme des matières déjà ouvragées.

Enfin, j'ai détruit l'objection tiré de l'exemple
de l'Angleterre, qui défend l'exportation de ses
laines.

J'ai fait voir que la loi anglaise avoit été dictée
par l'intérêt mercantile, et étoit le fruit de temps
peu avancé dans la science économique ; que
les meilleurs écrivains, j'aurois dû dire tous les
écrivains en économie politique, en avoient
montré l'absurdité ; qu'elle n'étoit soutenue que
par la foiblesse de caractère des hommes en
place, qui ne se dissimuloient pas ces inconvé-

4 *

niens, mais craignoient de se dépopulariser en attaquant un préjugé national.

Qu'au surplus, quand la loi seroit bonne en Angleterre, elle ne pourroit être adoptée en France, à raison de la différence qui existe entre les deux pays, l'un étant essentiellement manufacturier et l'autre essentiellement agricole ; l'un donnant aux spéculateurs sur les moutons des bénéfices suffisans par le prix élevé de la chair et du suif, tandis que l'autre, en empêchant la concurrence des acheteurs de laines fines, réduit pour les spéculateurs sur l'éducation des mérinos le prix des laines à un point tel, qu'au lieu de bénéfices, il ne présente que des pertes, et des pertes considérables qui obligent de renoncer à la spéculation.

Il me reste, M. le directeur général, à vous supplier de mettre enfin un terme aux longues souffrances et au désespoir des propriétaires de mérinos, en levant une prohibition que rien ne peut justifier, et qui les ruine tous, une prohibition qui n'enrichit que quelques monopoleurs, et qui fait périr une des branches les plus utiles de l'industrie agricole, et retrograder l'agriculture française.

C'est à vous, Monsieur, qu'est réservé de faire cesser tant de maux. Quelle occasion pour

un administrateur comme vous que celle de
redresser de vieilles erreurs, de réparer de
grands torts administratifs, et d'être, auprès
d'un ministre dont les idées sont si libérales,
auprès d'un Roi aussi profondément instruit
que vertueux et bon, le promoteur de mesures
marquées au coin de la raison, de la justice
et des vrais principes !

FAITS ET OBSERVATIONS

*Sur la question de l'exportation des mérinos
et de leur laine hors du territoire français;*

Par Victor Yvart;

Ancien cultivateur, membre de la première classe de l'Institut,
et professeur d'économie rurale à l'École royale d'Alfort, etc.

***

Cette question, comme toutes celles d'économie politique, ne peut bien se décider que par la considération rigoureuse de l'intérêt général, abstraction faite de celui de quelques individus. Ainsi, pour la réduire à ses plus simples termes, et pour ne pas s'exposer à s'égarer dans son examen, il faut oublier ici qu'il s'agit *secondairement* de l'intérêt d'agriculteurs, de manufacturiers ou marchands de laines, et de quelques capitalistes, et il ne faut voir que le bien commun de tous les Français pris en masse.

De quoi s'agit-il, en effet? De savoir si l'exportation des mérinos et des laines qui en proviennent, peut devenir plus nuisible qu'avantageuse à l'état.

Nous regardons comme très-essentiel d'annoncer d'abord que, pour envisager cette question sous son véritable point de vue, il est indispensable de bien distinguer la précieuse race de bêtes à laine dont nous avons à nous occuper, de toutes nos races indigènes, parce qu'il n'y a aucune parité, selon nous, comme nous nous engageons à le démontrer à ceux qui peuvent encore l'ignorer, entre les frais d'éducation et d'entretien et les produits de la première et ceux des dernières, et parce que les mesures d'administration qui seroient peut-être applicables à celles-ci, sans inconvénient et même avec avantage, si l'on veut (ce que nous n'examinerons pas ici), ne peuvent également le devenir à celle-là. Il faut donc bien se garder de les confondre sous aucun de ces rapports importans.

Il nous paroît également nécessaire, pour bien traiter cette question, de ne pas sortir de la France, non plus, pour aller chercher chez nos voisins, et notamment chez les Anglais et les Espagnols, des exemples qui ne sont pas réellement applicables, ainsi que quelques personnes pourroient le croire, au cas particulier que nous devons examiner, parce qu'il n'a certainement pas les rapports qu'on lui

supposeroit avec ceux auxquels on le compare-
roit , comme nous nous engageons encore à le
démontrer.

En Angleterre, en effet, la défense d'exportation qui existe sur les bêtes à laine et
sur leurs toisons, n'a pas été établie originairement sur des animaux étrangers, introduits
dans ce pays. Elle ne l'a pas été, non plus,
sur des animaux à laine superfine, comme
on le supposeroit encore gratuitement, car
il n'y en existe réellement en ce moment qu'un
petit nombre, dont la plupart ont été im-
portés ; mais elle l'a été essentiellement sur
des races à laine longue, particulières à ce
pays, et qu'il pouvoit avoir raison de vouloir manufacturer exclusivement , pour en
vendre ensuite les produits aux autres nations (ce que nous n'avons pas, non plus,
à examiner ici) ; enfin, elle ne l'a pas été sur
des animaux dont les frais d'éducation et d'entretien excèdent de beaucoup les bornes ordinaires, comme cela existe à l'égard des
mérinos ; et cependant, nous devons le dire,
cette défense qui n'a que diminué les bénéfices des nourrisseurs de bêtes à laine de l'Angleterre, sans jamais en ruiner aucun, parce
qu'ils spéculent généralement bien plus sur

la chair et le suif que sur la laine, a excité de leur part les plus vives réclamations, dont nous ne devons pas encore examiner ici la légitimité.

A l'égard des Espagnols, comme ils possé-doient aussi exclusivement, autrefois, cette race de mérinos qui se trouve aujourd'hui plus ou moins répandue sur un grand nombre de points de l'Europe, de l'Amérique et ailleurs; comme elle appartenoit exclusivement encore à un petit nombre de grands propriétaires qui formoient le conseil souverain *de la Mesta*, et qu'elle n'avoit que des rapports très-éloignés avec la prospérité de l'agriculture, si, toutefois, elle n'y nuisoit réellement pas plus qu'elle n'y contribuoit d'après le mode établi pour son entretien, ils ont pu avoir raison aussi d'en prohiber l'exportation, en permettant d'ailleurs celle des laines ; mais ceci, comme on le voit, nous est encore étranger, et n'est pas du tout applicable au cas présent.

Il ne faut donc considérer en France la race des mérinos qu'en elle-même, et uniquement par l'influence, plus ou moins grande, qu'elle peut exercer sur la prospérité générale de ce pays.

Nous ajouterons qu'au lieu de l'assimiler à nos races indigènes, pour la part de la protection qu'elle doit recevoir du Gouvernement, et au lieu de chercher chez nos voisins des procédés à lui appliquer, il nous paroît bien plus convenable de la comparer, pour les soins qu'elle exige et pour les égards qu'elle mérite, à ces plantes exotiques qui, étrangères au sol et au climat qui les adoptent, et donnant l'espoir de récompenser largement les soins de ceux qui les cultivent, demandent, pour procurer les résultats satisfaisans qu'on en attend, à ne pas être confondues, pour le traitement, avec les végétaux dont l'existence est moins précaire et plus assurée, et dont les produits sont d'ailleurs moins utiles à la société.

Enfin, elle nous paroît exiger, pour se soutenir en France, et pour continuer à y contribuer à la prospérité de son agriculture et de son commerce, ainsi qu'elle l'a fait jusqu'à présent d'une manière si prononcée, une protection spéciale de la part du Gouvernement, et par-dessus tout la suppression de toute espèce d'entraves dans le débouché de tous ses produits, entraves qui acheveroient bientôt de la faire disparoître sans retour du territoire français, sur lequel elles lui ont déjà fait éprouver, depuis plusieurs années, une désastreuse diminution.

Essayons de démontrer ces vérités.

Pour prouver la nécessité de la protection spéciale que la race des mérinos mérite d'obtenir en France, il suffit d'examiner : 1°. les avantages qu'elle a déjà procurés et qu'elle peut encore procurer à l'état ; 2°. ce que coûtent, à ceux qui l'élèvent et l'entretiennent, les frais d'éducation et d'entretien qu'elle nécessite, et l'impossibilité d'y suffire sans un bénéfice certain, proportionné à l'étendue des avances ; 3°. les graves inconvéniens qui résulteroient de la disparition de cette race du territoire français, par la continuation des fausses mesures qui l'anéantiroient.

Nous allons successivement examiner ces trois objets.

Relativement au premier, tout le monde convient que notre agriculture s'est considérablement améliorée depuis vingt-cinq ans environ; mais tout le monde ne sait pas, à beaucoup près, et il faut le publier, que si certaines mesures, adoptées depuis cette époque; si la retraite volontaire ou forcée d'un grand nombre de propriétaires ruraux au sein de nos campagnes, où ils ont porté leur zèle, leurs capitaux et leurs lumières ; et si quelques autres circonstances générales, ou seulement partielles et accidentelles, ont plus ou moins contribué à cette heureuse amélioration, qui laisse cependant encore bien des choses à désirer, c'est sur-tout à la propagation de la race des mérinos qu'on doit en rapporter, presque par-tout, les plus grands et les plus heureux résultats ; car elle a incontestablement produit ces résultats, non-seulement par elle-même, dans tous les endroits où elle a été introduite, mais encore par l'imitation presque générale des bonnes pratiques qu'elle avoit fait naître sur un très – grand nombre de points.

S'il est un principe généralement avoué en économie rurale, c'est sans doute celui qui établit que la multiplication des bestiaux est toujours un moyen infaillible d'obtenir une agriculture florissante et très-lucrative, par une suite naturelle de cet enchaînement d'avantages qui crée nécessairement de grands produits en tous genres, en formant de nombreux moyens de bien entretenir ces bestiaux, et en fournissant nécessairement aussi les riches et abondans engrais qui assurent ces produits.

Comparons, d'après ce principe, l'état de

nos possessions en bêtes à laine, il y a vingt-cinq ans, avec celui que nous avons acquis depuis sur la même étendue de territoire, et il sera facile de se convaincre : 1°. que cet état s'est accru considérablement, et dans une progression d'une rapidité extraordinaire pour ce laps de temps; 2°. que cet accroissement, presque tout entier en bêtes à laine superfine ou améliorée, est attribuable, sinon en totalité, au moins en très-grande partie, à cette race de mérinos, qu'il ne faut pas, comme nous avons commencé par le dire et comme nous ne saurions trop le répéter, confondre avec nos races indigènes, qni sont généralement nourries et entretenues à très-peu de frais; ce qui les différencie essentiellement de celle qui nous occupe.

Mais ce ne sont pas là les seuls avantages qu'elle nous ait procurés, et nous lui sommes encore redevables d'un assez grand nombre de défrichemens, de desséchemens et d'autres améliorations agricoles, sur-tout de la suppression de nos jachères sur un très-grand nombre de points; de l'introduction ou de l'extension des prairies artificielles, et de la culture d'autres plantes améliorantes, telles que celles qui fournissent par leurs racines une ample provision de nourriture verte, pour les saisons de

l'année les plus rigoureuses ; du perfectionnement de nos assolemens et de l'accroissement
de nos produits territoriaux ; de l'étude et du
traitement avantageux de plusieurs maladies
des bêtes à laine ; de la construction de bergeries saines et commodes, et de la formation
d'excellens bergers. Ajoutons-y encore l'emploi avantageux d'un grand nombre d'ouvriers, et la prospérité, la création même de
plusieurs manufactures très-utiles.

Pour mettre dans la plus grande évidence la
réalité de chacun de ces avantages, auxquels il
seroit possible d'en ajouter plusieurs autres
qui en découlent nécessairement, il suffira
d'entrer dans quelques détails sur chacun
d'eux.

Nous sommes redevables aux mérinos d'un
assez grand nombre de défrichemens, de desséchemens et d'autres améliorations agricoles
très-importantes, parce que ces animaux ne
pouvant trouver qu'une nourriture rare et in-
certaine sur les terres en friche, et redoutant,
comme toutes les bêtes à laine, les terres hu-
mides, promettant d'ailleurs des bénéfices qui
permettoient aux cultivateurs de se livrer à ces
améliorations, bénéfices que ne pouvoient leur
offrir les races du pays, ils ont dû les entre-

prendre ; et ils l'ont réellement fait en un grand nombre d'endroits, comme nous avons eu souvent occasion de nous en convaincre nous-mêmes en visitant ces améliorations.

Nous sommes redevables aux mérinos d'une grande diminution dans l'étendue de nos jachères, d'une grande extension dans la culture de nos prairies artificielles et d'autres cultures non moins utiles, ainsi que du perfectionnement très-prononcé dans nos assolemens qui a considérablement augmenté nos richesses territoriales ; parce que le défrichement de terres incultes, le desséchement de terres marécageuses, et l'ordre ancien de nos cultures soumis à l'assolement triennal, ne pouvant fournir sûrement et abondamment tous les moyens d'existence que ces animaux exigeoient pour prospérer, et qu'ils étoient en droit d'attendre d'après les bénéfices qui devoient en résulter, les propriétaires des troupeaux de cette race ont encore dû se livrer à ces améliorations. Ils ont été amenés, pour ainsi dire, malgré eux et sans s'en apercevoir, par la force irrésistible de la nature des choses, à donner une nouvelle et utile destination aux jachères, en y établissant des cultures avantageuses et préparatoires pour celles des céréales, d'une part, tandis que de l'autre elles fournissoient d'amples provisions de nourriture pour les mérinos, aux diverses époques de l'année. Ils ont encore été amenés à étendre, pour le même objet, la culture des prairies artificielles, et à perfectionner nos assolemens, ainsi qu'à assurer nos subsistances (*qui sont très-abondantes aujourd'hui, comme l'on sait, malgré les désastres de la guerre*), en intercalant judicieusement les récoltes destinées aux hommes avec celles affectées à ces animaux.

Nous leur sommes aussi redevables de l'étude et du traitement heureux de plusieurs maladies particulières aux bêtes à laine; parce que la valeur élevée de chacun des individus qui composoient cette race, a engagé les vétérinaires et les cultivateurs à se livrer à des recherches et à des expériences, que nos races communes n'avoient pas fait naître jusqu'alors, par la raison qu'elles ne pouvoient les intéresser que bien foiblement, et parce que ces recherches et ces expériences ont obtenu des résultats précieux.

Nous leur sommes encore redevables du perfectionnement de nos constructions rurales, de l'instruction de nos bergers, de l'emploi avantageux d'un très - grand nombre d'ouvriers, ainsi que de la prospérité et de la création même de plusieurs manufactures très-utiles ; parce qu'ils nous ont fait reconnoître les vices de construction, l'insalubrité et l'insuffisance de nos anciennes bergeries, ainsi que l'impéritie de nos anciens pâtres ; parce que les produits nouveaux qu'ils ont introduits parmi nous ont fait éclore les germes de plusieurs genres inconnus d'industrie manufacturière, ou favorisé ceux qui existoient déjà ; et parce que chacun de ces différens résultats a procuré, soit dans les campagnes, soit dans les villes, de l'occupation, de l'instruction et de l'aisance à une nombreuse classe d'ouvriers.

A tous ces avantages incontestables, dont l'importance pour l'universalité des Français se fait assez sentir d'elle-même pour n'avoir pas besoin d'être plus amplement développée ; à tous ces avantages qui ont leur source, comme tant d'autres, dans la prospérité de l'agriculture où il faut toujours chercher les plus grands et les plus solides résultats pour un état essentiellement agricole comme la France, si nous ajoutons l'épargne des millions que nous étions obligés de payer annuellement à l'étranger pour l'achat des laines superfines dont les mérinos nous ont approvisionnés, on concevra aisément qu'après les mines fécondes

5

de nos grains et de nos vins, c'est celle qu'il importe le plus à la France d'exploiter avec des principes sains et libéraux.

Examinons maintenant quelle est l'étendue des avances et des sacrifices que doit faire nécessairement le cultivateur qui se livre à l'éducation et à l'entretien de ces animaux, et nous y trouverons la fixation naturelle de la juste indemnité et des encouragemens qu'il doit en retirer pour continuer à s'y livrer.

Les mérinos n'exigeroient, pour prospérer en France, ni plus de soins, ni plus d'alimens, ni des alimens mieux choisis, ni un traitement meilleur enfin que celui que devroient recevoir généralement nos races de bêtes à laine indigènes. Mais, comme celles-ci ont peu de valeur, on les néglige, on les soigne et on les nourrit mal, on craint peu d'en perdre. Il n'en est pas de même des mérinos; à quelque prix qu'on les achète, ils coûtent plus que les autres; pour en retirer tout l'avantage possible, on ne peut à leur égard user de parcimonie; on est forcé de leur donner plus de soins, plus de nourriture et de meilleure qualité; enfin, il faut faire plus de frais pour les élever et les entretenir convenablement.

D'ailleurs, outre les puissans motifs pour les

bien traiter , tirés de la nature même de cette
race , de la finesse de sa peau et de sa laine , de
son émigration d'un climat différent du nôtre ,
du régime particulier auquel elle y étoit sou-
mise , et d'autres circonstances accessoires qu'il
convient de prendre en considération , toutes
les fois qu'il s'agit de l'acclimatation des animaux ou des végétaux , le cultivateur est encore déterminé à le faire par la supériorité des
avantages qu'il en retire en la bien traitant ; et
par l'excédant des pertes qu'il éprouve , au
contraire , lorsqu'il la néglige , en comparant
ces résultats avec ceux qu'il obtient du traitement adopté à l'égard des races françaises.

Tout nous porte donc à reconnoître que
cette race exige encore , pour prospérer chez
nous , des soins plus étendus , mieux calculés ,
et des avances et des sacrifices plus considérables que ceux qu'on applique habituellement
à nos races.

Voyons à présent quels sont les principaux
objets sur lesquels doivent porter ces soins ,
ces sacrifices et ces avances.

Des bergeries mieux construites et mieux
tenues qu'elles ne le sont généralement, c'est-à-
dire plus saines , mieux aérées , et munies
d'auges , de râteliers et d'autres ustensiles com-

5 *

modes et nécessaires, exigent les premiers soins et les premiers sacrifices auxquels on doit se livrer.

Des bergers moins volontaires, moins routiniers, plus disposés à faire ce qu'on doit attendre d'eux pour l'intérêt du troupeau, et à avoir des soins qu'on néglige pour les troupeaux ordinaires, nécessitent des égards et des déboursés, qui consistent non-seulement dans une augmentation de salaire et des attentions particulières, mais encore dans des récompenses qui ont pour objet de les intéresser davantage au succès de l'entreprise.

Enfin, d'amples provisions de nourriture en tout temps, et sur-tout dans les saisons rigoureuses, constituent les dernières et les plus fortes dépenses.

Essayons de donner pour un troupeau de trois cents bêtes, qu'on peut regarder comme un nombre moyen confié à un seul homme avec un aide, et dans une seule bergerie, une évaluation approximative de ces diverses avances, auxquelles il convient d'ajouter celle de la mise de fonds dans l'achat du troupeau, et voyons à en fixer le montant annuel ; il nous donnera la mesure de l'intérêt qui doit en résulter pour le propriétaire, et par conséquent celle du bénéfice qu'il devroit faire pour être suffisamment indemnisé.

Supposons ces trois cents bêtes mérinos achetées seulement 100 francs la pièce, ce qui pourroit être considéré comme étant beaucoup au-dessous de la réalité, et nous trouverons déjà une somme de 30,000 francs, dont l'intérêt évalué à 15 pour 100, comme il doit l'être au moins pour des objets susceptibles, comme ceux-ci, de diminution de valeur chaque année, et même de perte accidentelle, font une somme annuelle de 4500 francs (1), ci . . . 4500 fr.

Supposons aussi, et toujours avec beaucoup de modération, que les dépenses additionnelles, relatives soit à la construction, soit aux réparations, et à l'entretien ou à l'ameublement

(1) Dans ce genre d'entreprise, ce n'est pas trop d'évaluer l'intérêt des fonds employés à 15 pour 100. Les pertes sur les bestiaux sont quelquefois énormes. Tout un troupeau, ou une très-grande partie, peut périr en une année, soit de la pourriture, soit du claveau. Le tournis en emporte tous les ans une certaine quantité; ces bêtes à laine sont sujettes à la gale et à beaucoup d'autres maladies, qu'on ne guérit qu'avec de la dépense; l'intérêt doit donc toujours être en raison des risques : certes, personne n'ignore combien de fermiers ont été ruinés par des épizooties.

De l'autre part. . . 4500 fr.

annuel de la bergerie, n'ajoutent pour
chaque année aux dépenses ordinaires
que la somme de. 300

N'estimons encore, avec la même
réserve, la totalité du traitement du
berger et de son aide, avec les frais
de tonte, qu'à. 1000

Ajoutons-y seulement, pour la nourriture verte prise sur les jachères cultivées et sur les prairies artificielles,
pendant les sept mois de l'année les
plus favorables à la dépaissance, un
franc par tête, ci. 300

Pour la nourriture verte donnée à
la bergerie pendant les cinq mois les
plus rigoureux (depuis novembre jusqu'en avril), la même somme. . . . 300

Et, pendant le même espace de
temps, pour le fourrage sec évalué à
deux livres par tête, par jour seulement, à raison de 3 francs le quintal. 2700

Malgré la modération de toutes ces
évaluations, susceptibles de varier
sans doute, mais qui ne peuvent être

_____

9100 fr.

Ci-contre. . . 9100 fr.

calculées plus bas, et dans lesquelles
nous ne comprenons ni la paille, ni
le grain, etc., que nous abandonnons
pour le fumier, afin de simplifier et
d'abréger le calcul, nous trouvons la
somme de. . . . . , . . . 9100 fr.
Laquelle, répartie sur nos trois cents bêtes,
donne pour chacune d'elles celle de plus de
30 francs en avances chaque année.

Rapprochons de cette dépense individuelle
le produit moyen annuel, également indivi-
duel, lequel nous paroît devoir être porté à
six livres et demie environ en suint, et nous
verrons qu'en nous restreignant pour un moment à ce seul produit, et en faisant aussi abstraction des pertes éventuelles assez considérables, il y auroit une perte évidente d'un
tiers au moins des avances, pour l'entrepreneur
de cette spéculation, en vendant sa laine superfine 3 francs la livre en suint, comme elle
se vendoit autrefois. Que sera-ce donc lorsque
ce prix baissera d'un tiers, comme on en a eu
un grand nombre d'exemples depuis plusieurs
années? Et qu'arrivera-t-il s'il s'abaisse jusqu'à
la moitié et même au-dessous, comme on en

paroît menacé en ce moment ? Il est facile de le deviner.

Mais, dira-t-on, en supposant ce troupeau composé en très-grande partie de brebis, comme cela a lieu ordinairement, il faut comprendre dans le revenu annuel la valeur de deux cent cinquante agneaux environ que pourroit donner ce troupeau de trois cents bêtes.

Oui, sans doute: mais si cette valeur n'excède pas celle des agneaux communs, et elle ne peut l'excéder; si, faute de pouvoir les vendre avantageusement, on est forcé de les livrer au boucher, comme il y en a déjà des exemples, ou même de les tuer en naissant, ce qui s'est fait aussi, elle sera nécessairement très-foible et ne pourra pas compenser, à beaucoup près, le déficit qui procède originairement du vil prix de la laine. D'ailleurs, on ne peut en ce moment établir raisonnablement aucun prix avantageux pour ces agneaux, après les avoir chargés des frais de leur entretien, puisqu'il ne se fait presque aucun achat de mérinos aujourd'hui, à cause du bas prix des laines, et que la hausse dans le prix de cette marchandise, avec la liberté d'exporter ces animaux, peuvent seules leur donner une valeur convenable, en rappelant les spéculateurs qui se sont retirés, et en en attirant de nouveaux.

Ainsi donc, de quelque manière qu'on fasse
ce nouveau calcul, dont nous nous bornons,
vu les circonstances défavorables dans lesquelles nous nous trouvons, à faire entrevoir
les bases probables que chacun pourra modifier à son gré; si la libre exportation des mérinos et de leur laine ne vient pas bientôt donner
à ces importans objets plus de valeur qu'ils
n'en ont en ce moment, nous ne connoissons
aucun moyen d'engager les propriétaires de
ces troupeaux à continuer à faire les sacrifices qu'ils ont supportés depuis plusieurs années, et leur intérêt les portera nécessairement à les anéantir en les vendant au boucher.

Il nous reste à examiner le mal qui résultera
pour la France de leur disparition, après avoir
vu s'il existe réellement quelque motif assez
puissant pour s'opposer à cette exportation,
dont la défense doit finir par avoir d'aussi fâcheux résultats.

L'intérêt des manufactures nationales, dira-
t-on, et la crainte de voir nos voisins nous enlever un nouveau genre d'industrie agricole,
commandent impérieusement la prohibition de
la sortie de ces animaux et de leur laine

non manufacturée , hors du territoire français.

Pour faire sentir en peu de mots toute la foiblesse de ces motifs en ce moment, il suffit d'observer qu'ils seroient tout au plus admissibles , si l'état actuel des choses n'étoit pas malheureusement devenu tel que la défense de cette exportation dût nécessairement anéantir , ainsi que nous l'avons prouvé , les objets sur lesquels on fonderoit si mal à propos la prospérité future de ces manufactures et la conservation de cette industrie agricole. Vous voudriez défendre de sortir , mais pourrez-vous empêcher de détruire? Non , sans doute. Eh bien! il n'y a pas de milieu entre la liberté de l'exportation et la nécessité de la destruction , puisqu'il y a aujourd'hui perte évidente et considérable à conserver; ainsi, choisissez.

Mais est-il donc bien vrai, d'ailleurs, que, d'une part, cette liberté d'exportation doive porter une atteinte fâcheuse à la prospérité de ces manufactures, et, de l'autre, nous enlever notre nouvelle branche d'industrie agricole? Nous ne pouvons encore le penser.

Le résultat très-probable de cette liberté doit être bien moins, selon nous, de faire

sortir la laine superfine non manufacturée,
hors du territoire français, que d'en faire
hausser le prix actuel, beaucoup trop bas,
en établissant une concurrence devenue nécessaire entre les manufacturiers étrangers et
les nôtres, et d'obtenir cet équilibre que le
commerce tend à prendre par-tout, toutes les
fois qu'il est débarrassé des entraves qui s'y
opposent.

Mais elle doit encore avoir un autre résultat bien avantageux, qui est la conséquence du premier; c'est d'augmenter infailliblement la quantité de laine superfine à
vendre, par l'encouragement que le cultivateur recevra de la hausse dans le prix de
ce produit.

Ainsi, les bénéfices des manufacturiers pourront bien ne plus être exorbitans, comme
il seroit possible de prouver qu'ils l'ont été,
par la comparaison du prix de leurs étoffes
superfines avec celui de la matière première
qui y entre, en y ajoutant leurs frais; mais
ils seront assurés de trouver, en tout temps,
chez nous, abondance de cette matière, en
la payant le prix convenable; et c'est là ce
qui fonde sur-tout la prospérité de toutes les
manufactures. S'ils ne font pas des fortunes

rapides, tandis que le cultivateur se ruinera avec les mérinos qui leur en auront procuré les moyens, ils pourront obtenir, au moins, ainsi que lui, une honnête aisance; et tel doit être inévitablement le but de tout bon gouvernement.

A l'égard de la conservation de notre nouveau genre d'industrie agricole, il ne peut non plus, ce nous semble, exister le moindre doute, puisque la liberté que nous réclamons devant avoir pour résultat indispensable d'accroître nos produits agricoles en tout genre, nous conserverons nécessairement tous nos avantages actuels, et nous les augmenterons même, parce que le cultivateur, ayant un débouché certain et avantageux de ses animaux, comme de ses laines, soit en France, soit à l'étranger, il les multipliera, pour son propre intérêt, de manière à compenser, et bien au-delà, le déficit enlevé par l'exportation, et à nous conserver la supériorité sous ce rapport, que doit nous donner continuellement l'antériorité de notre spéculation sur celle de nos voisins, si elle est suffisamment encouragée.

Quand, d'ailleurs, il s'écouleroit par cette voie un grand nombre de mérinos chez nos

voisins, qui tous en possèdent déjà un nombre plus ou moins considérable, que la contre-
bande pourroit encore augmenter malgré toutes
les prohibitions possibles, la liberté d'exportation, mise à côté de la nécessité de la destruction, auroit encore l'avantage incontestable d'être plus libérale, plus humaine, plus
cosmopolite enfin, si l'on peut s'exprimer ainsi,
et il ne faudroit pas l'interdire dans ce cas.

D'après ces données, fondées sur l'expérience, non-seulement le véritable intérêt du
manufacturier, et celui du cultivateur qui en
entraîne tant d'autres avec lui, mais aussi l'intérêt général qui s'en compose, nous paroissent
militer très-fortement aujourd'hui en faveur
de la libre exportation des mérinos et de leur
laine, sans aucune restriction.

Si l'on persistoit à vouloir faire l'avantage
du premier au détriment du second, on
ruineroit infailliblement celui-ci, sans améliorer la situation de celui-là. La race des
mérinos s'éteindroit bientôt en France, et avec
elle disparoîtroient les grandes améliorations
agricoles et manufacturières qu'elle y a introduites. L'insalubrité et l'incommodité de beaucoup de constructions rurales continueroient
à subsister dans la plupart des campagnes, avec

l'ignorance de nos bergers et les maladies qui en sont les suites. Nous redeviendrions tributaires envers l'étranger de sommes immenses pour l'achat de la laine superfine que nous aurions repoussée de notre territoire : et qu'on ne pense pas que les moutons communs prendroient ici la place des mérinos, car il est constant, quoique cela soit trop peu connu, que ces derniers se sont établis à cause des bénéfices qu'ils ont d'abord procurés, sur un très-grand nombre de points sur lesquels il n'étoit pas et il ne sera pas possible d'élever des moutons français avec avantage, à cause de la perte qui en résultoit et qui en résulteroit encore.

Ainsi, les friches, les jachères, la stérilité et la misère se reproduiroient bientôt par-tout où cette précieuse race les a remplacées par la bienfaisante introduction de nombreux troupeaux, de riches prairies, et par la création de l'abondance en tout genre et de l'aisance.

Enfin, pour avoir été arrêté par la crainte chimérique de faire un peu de bien à nos voisins, et par le désir aussi mal calculé d'avantager quelques manufacturiers, ou plutôt quelques marchands de laine, la France ne tarderoit pas à recevoir le juste châtiment qu'elle mériteroit, après avoir oublié ces paroles remarquables du digne Ministre de Henri IV : *pâturage et labourage sont les deux mamelles de l'Etat.* Elle seroit sévèrement punie d'avoir oublié cette grande vérité qui établit que, *pour nous, l'agriculture est la première de toutes les manufactures;* que tout le bien qu'on lui fait rejaillit nécessairement sur toutes les autres qu'elle alimente, comme tous les désavantages qu'elle éprouve ébranlent aussi, plus ou moins fortement, notre édifice social, quelque effort qu'on fasse ensuite pour réparer le mal.

Prenons-y bien garde, ce mal a déjà commencé pour nous depuis plusieurs années; déjà plusieurs propriétaires de mérinos ont abandonné leur spéculation, devenue ruineuse de lucrative qu'elle étoit autrefois. Un très-grand nombre de cultivateurs menacent de les imiter incessamment, si l'on n'arrête le mal dont ils se plaignent hautement. Un dégoût général pour ces bêtes à laine, qu'on a eu tant de peine à introduire, à acclimater, à nationaliser, pour ainsi dire, et contre lesquelles il existe encore tant de préjugés à vaincre dans nos campagnes, se manifeste de toutes parts: craignons donc de consommer bientôt le mal sans retour; craignons de le rendre incurable, si nous ne nous hâtons d'adopter à cet égard les seules mesures qui soient conformes à l'intérêt général, et qui ne peuvent exister, selon nous, que dans la libre exportation des mérinos et de leur laine hors du territoire français, sans aucune restriction.

PRÉCIS

De ce qui s'est passé en France, relativement
aux mérinos ou bêtes à laine d'Espagne,
depuis leur introduction jusqu'à l'époque
actuelle, et moyen d'en ranimer la propa-
gation ;

Par M. Tessier,

Membre de l'Institut et de la Légion-d'Honneur, inspecteur
général des Bergeries royales, etc.

Louis XVI prenoit un grand intérêt aux progrès
de l'agriculture, dont il connoissoit l'importance:
il fit venir d'Espagne, et placer dans la ferme de
son parc de Rambouillet, un beau troupeau de
mérinos, pour être la souche de l'amélioration
des laines en France. Ce troupeau arriva au
mois d'octobre 1786. Etant bien soigné, il s'accli-
mata facilement et ne tarda pas à se perfectionner.
Ses accrûs furent d'abord répandus par des dons,
puis par le moyen de ventes publiques qui eurent
bien plus de succès que les dons. L'affluence des
acheteurs augmenta à mesure que les prix haus-
sèrent. Le bonheur voulut que, par des causes

6

trop longues à rapporter, pendant les orages de la révolution, les mérinos de Rambouillet se trouvèrent conservés. Chacun désira en avoir ; il y eut une sorte d'enthousiasme précieux, que j'appellerois patriotique. Parmi les personnes qui s'en procurèrent, les unes se bornèrent à employer des beliers pour croiser les races de leur pays et faire des métis ; d'autres jugèrent qu'ils auroient plus d'avantages à élever uniquement la race pure. On sait que sa laine, plus abondante que dans les indigènes, est de qualité superfine. L'agriculture se ressentit bientôt de cet élan, qui fit doubler les troupeaux dans certaines contrées, et particulièrement dans un rayon de plus de trente lieues autour de Paris. En effet, on a vu beaucoup de fermiers qui, n'ayant précédemment que des bergeries de deux cents bêtes au plus, les portèrent ensuite au nombre de quatre à cinq cents, quoiqu'ils n'exploitassent que la même étendue de terrain. Des propriétaires même, qui ne faisoient pas valoir, achetèrent des mérinos, qu'ils nourrirent plusieurs mois de l'année sur des friches, sur des gazons d'avenues et autres endroits, dont auparavant on ne tiroit aucun parti. Il est résulté de cette multiplication de bêtes à laine une augmentation d'engrais et une diminution de jachères, qu'on a cultivées pour fournir les fourrages propres à substanter ces animaux, sans intéresser les terres à blé, devenues plus productives. On a dû à cette circonstance la cessation prompte d'une disette que la France commençoit à ressentir, lorsque des guerres l'assailloient de toutes parts, et qu'elle avoit les plus grandes inquiétudes pour ses subsistances. Ce genre d'amélioration marchoit d'un pas rapide, à la satisfaction des amis de la prospérité de la France ; on concevoit l'espoir fondé de l'affranchir d'un tribut considérable, qu'elle payoit à l'étranger pour alimenter ses fabriques de drap. En peu d'années, le but que s'étoit proposé Louis XVI auroit été atteint.

Je ne détaillerai pas ici tous les obstacles qu'il a fallu vaincre avant d'arriver à ce point. L'introduction d'une chose nouvelle en éprouve toujours. Des intérêts froissés, les préjugés, la malveillance même, tout s'en mêla pour empêcher la propagation des mérinos. La plus grande opposition vint de la part de quelques marchands de laine, qui étoient en même temps fabricans, hommes d'autant plus à craindre qu'ils étoient riches et en grande réputation. Ils prétendirent long-temps que la laine des mérinos français n'avoit ni le nerf, ni l'élasticité de celle des mérinos espagnols, et qu'ils ne pouvoient s'en servir

6 *

pour faire de beau drap. Mais, par des expériences bien faites, on démontra au public la
fausseté de cette assertion ; il ne fut pas difficile de
deviner le motif de ces contradicteurs, et la cause
des prétextes qu'ils alléguoient ; c'est que la multiplication des mérinos en France leur ôtoit une
branche de commerce avec l'Espagne ; ils avoient
avec des propriétaires de ce royaume, pour
vente de laine, des marchés et des baux même,
qu'ils étoient obligés de rompre, et ils per-
doient l'espérance de faire sur cet objet des
profits très-lucratifs et inconnus. Ils finirent cependant par se rendre à l'évidence, et employèrent nos laines superfines concurremment
avec celles d'Espagne, après les avoir payées
raisonnablement.

Malheureusement le gouvernement a fait des
fautes qui ont arrêté le cours d'une si belle industrie.

La première fut de défendre l'exportation des
mérinos ; c'étoit, si j'ose m'exprimer ainsi, jouer
à la baisse de l'amélioration. Il avoit imaginé ce
moyen dans l'intention de faire tomber le prix
de ces animaux, alors fort recherchés et ayant
une grande valeur ; tandis qu'il étoit au contraire
utile de le maintenir, et de l'augmenter peut-
être, au moins pendant quelques années, jus-

qu'à ce qu'il y en eût assez pour en assurer la conquête.

Bientôt le mal devint plus considérable. Seize mille balles de laine confisquées à Burgos furent introduites en France, amenées à Paris, malgré toutes les observations qu'on put faire, et vendues à l'encan avec un crédit de trente-six mois, indépendamment d'une quantité considérable, appartenant à des négocians. Les manufacturiers, qui les eurent à bon marché, en remplirent leurs magasins, et dédaignèrent ensuite, ou ne voulurent donner que très-peu de celles que nos agriculteurs leur offroient, quoiqu'elles fussent de la même qualité.

Enfin un décret du 8 mars 1811 porta le dernier coup aux mérinos : dès qu'il parut on n'en vendit plus ; les conventions mêmes qui avoient été faites d'avance furent anéanties. L'alarme devint générale parmi les propriétaires des beaux troupeaux, bien que ce décret semblât les devoir favoriser. Le gouvernement promettoit d'acheter tous leurs beliers purs, pour en former des dépôts qui servissent dans les différens points de la France à croiser gratuitement les races indigènes. On ne craignoit pas, disoit-on, de dépenser pour cette mesure jusqu'à 20 millions. Le décret défendoit de châtrer aucun belier mérinos, et ordonnoit de

châtrer tous les mâles métis. Mais qu'est-il arrivé ?
Dans les années 1811, 1812, 1813, le gouvernement n'a acheté qu'un petit nombre de beliers,
eu égard à ce qu'il y en avoit dans toutes les bergeries pures, et ils furent placés dans des dépôts :
ces achats et leur transport ont coûté 7 à 800,000 f.
Les animaux, quelque bien choisis, quelque bien
conduits qu'ils aient été, et malgré la surveil-
lance des inspecteurs particuliers, tous très-hon-
nêtes et très-exacts, ont bientôt dépéri, je ne
dirai pas par la parcimonie ou par la négligence
des dépositaires, mais par l'incurie des cultivateurs ou des communes qui les ont eus pour la
monte de leurs brebis, événement auquel on devoit s'attendre. Il n'en est résulté pour les propriétaires de mérinos que le foible avantage d'a-
voir vendu quelques beliers au gouvernement,
qui, contre toute raison, en a même avili le prix
en les payant le moins possible. Leurs bergeries
n'en sont pas moins restées encombrées d'animaux ; ils ont été trompés dans leur espoir. Beaucoup de cultivateurs même, s'attendant à avoir
des beliers du gouvernement, qui ne leur en a
pas fourni, ont été privés d'agneaux trois ans
de suite.

La position des propriétaires de mérinos est
très-fâcheuse. Dans les pays envahis par l'ennemi

ou prêts à l'être, ils ont fait de grandes dépenses
pour soustraire leurs troupeaux aux armées ; ils
ne voient aucun débouché pour vendre leurs animaux et leurs laines. Une classe d'hommes, la
seule qui pourroit maintenant acheter les laines,
se concerte pour les avoir à un prix si bas, qu'il
n'y a plus le moindre intérêt à élever des mérinos.
On ne se figure pas aisément ce qu'il faut faire de
frais pour les entretenir : on ne peut en juger
en les comparant à ce qu'on dépense pour les
races communes. Celles-ci ayant peu de valeur
on les traite mal, on leur épargne les soins et la
nourriture ; on ne craint pas d'en perdre. Jusqu'ici on a pris pour les mérinos, parce qu'ils ont
toujours été vendus plus cher, des précautions
plus coûteuses. Si, dans cette entreprise, il n'y
a pas un excédant de profit, bien certainement
on livrera beliers, brebis et agneaux au boucher,
et on renoncera pour toujours à une amélioration
qui, si elle n'eût point été troublée ni entravée,
auroit enrichi la France, et l'eût dispensée de
porter bien des millions à l'étranger.

Ce ne sont point ici des idées fausses, ni des
craintes exagénées : c'est l'exacte vérité. Je ne
crois pas que cet écrit, en quelques mains qu'il
tombe, puisse être contesté dans les faits qui
viennent d'être exposés. J'irai plus loin, et je

dirai que j'ai des preuves , 1°. que déjà plusieurs troupeaux de mérinos sont négligés et abandonnés , au point qu'il en meurt une grande quantité, sans que les possesseurs y fassent attention ; 2°. que l'on vend dans les halles et marchés beaucoup d'agneaux de cette race pour les tuer ; 3°. que la plupart des propriétaires se gardent bien de faire couvrir la totalité de leurs brebis , n'ayant pas les moyens de nourrir et de loger une postérité à charge et trop nombreuse ; 4°. que , dans plusieurs départemens , beaucoup de fermiers ont déjà substitué les races communes aux mérinos , ou aux métis avancés.

Après avoir fait connoître comment les mérinos ont été introduits en France , leur succès dans l'origine, malgré les difficultés qui se sont présentées, et les suites de mauvaises mesures prises , lorsqu'il n'y avoit qu'à laisser aller, je dois indiquer ce qu'il conviendroit de déterminer pour redonner de la vie à une amélioration importante, qui est au moment de sa destruction. Il me semble qu'il en est encore temps ; mais tout retard qui se prolongeroit seroit funeste. Il faut bien remarquer qu'une fois les esprits détournés d'un objet , on ne les y ramène que très-difficilement , et seulement par des efforts très-puissans. C'est le dernier gouvernement qui a eu les torts principaux ; c'est le gouvernement

actuel qui peut les réparer. S'il veut employer sa
main protectrice, trente ans de zèle et de soins,
quorum pars magna fui, n'auront pas été inutiles pour cette France, qui nous est si chère.

Il est de principe que la concurrence, excepté
dans les cas de fantaisie, place les denrées à leur
vraie valeur. Or, il n'y a pas en France de concurrence suffisante pour les mérinos et les laines superfines. Quant aux laines, quelques fabricans
seulement, en crédit, et tenant les autres dans
leur dépendance, et parfaitement d'accord entre
eux, conspirent pour les accaparer, et en obtiennent aux prix qu'ils veulent, des cultivateurs isolés, qui ne peuvent s'en défaire autrement, et ont besoin de vendre pour payer l'impôt
et leurs propriétaires. Cette manœuvre, tendante
à faire préférer les moutons à laine grossière, ne
sauroit être déjouée et prévenue que par l'exportation des laines superfines et des beliers et brebis
mérinos. Je pourrois invoquer ici cette loi sacrée,
qui garantit à chacun l'usage libre de toute sa propriété, excepté dans les cas rares et prévus, où
l'intérêt général auroit des raisons de s'y opposer;
mais je n'irai pas si loin, et je me restreindrai à
demander au gouvernement cette exportation,
désirée par tous les propriétaires de beaux troupeaux, en y ajoutant un droit à l'entrée des laines

étrangères. Les avantages qui en résulteront, seront, 1°. d'étendre la concurrence, que la cession de la Belgique vient de resserrer si sensiblement; 2°. de faire naître de nouveaux améliorateurs dont on a besoin; 3°. d'encourager la multiplication des mérinos.

Des gens, qui ne me semblent pas y avoir assez réfléchi, imaginent que nous aurions grand tort de laisser écouler au-dehors nos belles laines, que ce seroit nuire à nos manufactures, et qu'ainsi on doit en empêcher l'exportation; mais pourquoi exigeroit-on de notre agriculture des sacrifices considérables pour le profit de quelques marchands ou fabricans, qui n'entendent pas même leur intérêt dans l'avenir? car il n'y a pas de doute que si les propriétaires de mérinos, qui ont eu le courage de patienter, perdent encore pendant une année sur ce genre d'animaux, ils les feront tuer tous inévitablement; et il faudra, pour les laines fines, avoir recours à l'étranger, qui peut rançonner et embarrasser beaucoup en temps de guerre.

Dira-t-on que toutes les belles toisons étant retenues en France, leur bon marché sera favorable aux consommateurs, qu'on doit avoir particulièrement en vue? Ce motif ne seroit que spécieux; car depuis que les laines sont à si bas prix, a-t-on vu le drap diminuer dans la proportion? Il nous est

bien prouvé que les fabricans ont gagné beaucoup sur cette marchandise; est-il juste qu'ils s'en-
richissent toujours aux dépens de ceux qui créent
la matière première?

L'exemple, si souvent allégué, de l'Angleterre,
qui ne laisse pas sortir ses laines nationales , n'est
point applicable à la circonstance où nous nous
trouvons. En général, un pays ne ressemble pas
à un autre; les intérêts ne sont pas les mêmes.
En France on n'élève des mérinos qu'à cause de
leur laine , qu'on est parvenu à rendre plus abondante qu'en Espagne, en lui conservant toute sa
finesse; la chair de l'animal est comptée pour peu
de chose dans un pays où l'on consomme beaucoup de pain. Les Anglais aménagent en quelque
sorte leurs troupeaux pour la viande et le suif; la
laine n'est qu'un accessoire. Il est plus que probable que le profit combiné de ces trois matières les
dédommage avec usure de leurs dépenses; certes,
ils n'entretiendroient pas de moutons, s'ils y per-
doient comme on perd dans ce moment avec les
mérinos : ils n'ont donc pas besoin d'avoir la faci-
lité d'exporter leurs laines. D'ailleurs, celles qu'ils
cultivent sont d'une nature particulière et propres
à certaines fabrications, qu'ils peuvent concentrer
aisément. La laine des mérinos est très-répandue;
l'Espagne en est un magasin toujours ouvert;

l'Allemagne en offre maintenant ; pourquoi ne partagerions - nous pas avec les autres états l'avantage de vendre cette denrée dans les différens marchés de l'Europe ?

Au reste, les raisons que l'on donne ne sont pas toujours celles que l'on a. Je crois entrevoir, dans l'opposition de certaines personnes contre la liberté de la sortie des laines fines hors de France, des vues secrètes, inspirées par le même esprit qui s'est manifesté lors de l'introduction des mérinos. Quelques spéculateurs accrédités regrettoient alors la perte de leurs opérations avec des Espagnols; voulant aujourd'hui profiter de la circonstance de la paix pour les renouer, et sentant bien qu'elles seroient moins profitables pour eux si les mérinos se propageoient, ils font tous leurs efforts pour les avilir et les anéantir.

Ce que j'ai dit pour faire voir combien il est important de lever toute probibition qui défend l'exportation de nos laines fines, convient également à l'exportation des mérinos : ils sont aussi la propriété de ceux qui les achètent ou qui les élèvent; on n'a pas plus de raison de les retenir, et il n'y a aucun inconvénient à les laisser vendre à l'étranger. Plus l'agriculture aura de débouchés, plus elle prospérera; c'est sur elle que doivent se fixer les regards, parce que la richesse réelle de la

France n'est que dans les produits de son sol. La
certitude de se défaire avec profit des animaux,
les fera mieux soigner ; on en perdra peu de maladie ; on prolongera la fécondité des brebis jusqu'au dernier terme de la nature (1). Craint-on
que les étrangers ne nous enlèvent tout ? Ce seroit
bien à tort que l'on auroit cette inquiétude : le
préservatif est dans la chose même. Nos voisins ne
tireroient nos mérinos qu'en les payant cher, sans
cela on ne les leur vendroit pas. Eh bien! ce haut
prix même deviendroit notre sauve-garde. Chaque
propriétaire voyant que ses mérinos ont une grande
valeur, les regardera comme un capital précieux,
qu'il ne sera pas tenté d'affoiblir ; il ne se défera
que de ses réformes, et conservera ce qu'il aura
de meilleur, qu'il perfectionnera encore, pour s'en
faire une source de revenu. On ne doit pas prendre
ce raisonnement comme dicté par une pure théorie ; il est appuyé de ce qui s'est passé et chez les
personnes qui possèdent des troupeaux de race
pure, et dans les ventes de Rambouillet et des autres bergeries royales. Aux époques où l'on ache-
toit de ces animaux depuis 400 jusqu'à 1500 fr.

(1) Dans ce moment, à cause de leur peu de valeur,
on en tire trois ou quatre agneaux au plus, et on les
vend au boucher, pendant qu'elles pourroient en donner
encore cinq ou six.

et plus, on se gardoit bien d'en vendre beaucoup. Les profits qu'on faisoit tournoient à l'avantage du perfectionnement; il y avoit sous ce rapport, entre les propriétaires, une émulation à laquelle on a dû la beauté de nos mérinos, qui sont bien au-dessus de ceux d'Espagne.

Suivant l'opinion de quelques personnes, qui sont en très-petit nombre, on peut bien permettre l'exportation des laines fines, et même celle des beliers mérinos, mais jamais on ne doit laisser sortir les brebis; elles n'en donnent aucune raison, sinon qu'elles conjecturent que les acheteurs étrangers nous épuiseroient bientôt, parce qu'ils ôteroient le vrai moyen de reproduction; elles ne trouvent pas le même inconvénient dans l'exportation des beliers. Le fond de cette objection rentre dans la précédente, et n'exige pas d'autre réponse. J'observerai seulement, quant à la distinction qu'on voudroit établir entre les beliers et les brebis, qu'elle est absolument illusoire; car les étrangers n'acheteront pas des beliers sans brebis. Si la France ne leur vend pas les deux sexes, ils s'en pourvoiront en Espagne, et nous n'aurons pas profité du moment présent pour ranimer le courage abattu des propriétaires de mérinos et vivifier notre agriculture, dont les succès sont liés avec les avantages que procurent ces animaux.

Il existe enfin un avis pour ne permettre que la sortie des laines. Cela supposeroit qu'elle seroit suffisante pour l'encouragement que nous cherchons à donner. Mais il est démontré, par des calculs exacts, que la laine vendue 3 francs la livre en suint, ne dédommageroit pas le propriétaire de mérinos de ses dépenses. Il faut donc qu'il ajoute au revenu de ses laines celui de la vente d'une partie de ses animaux ; cette vente ne pourra être avantageuse que dans le cas d'une libre exportation des beliers et des brebis.

Ce dont le gouvernement auroit à se défendre, ce seroit d'employer une mesure incomplète; il est nécessaire qu'il produise le plus grand effet; sans quoi, il seroit obligé d'y revenir. En attendant, les propriétaires de troupeaux se lasseroient, et on auroit ensuite plus de peine que jamais à leur faire conserver leurs mérinos. Il est indispensable de frapper tout-à-coup et fortement l'opinion, parce que l'opinion fait tout, parce que c'est elle qui avoit porté si loin l'amélioration. Il seroit dangereux pour cette même opinion, que la permission d'exporter les laines, les beliers et les brebis mérinos, ne fût que pour un temps. Personne n'oseroit entreprendre de former ou de perfectionner un troupeau, quand il apercevroit le terme de ses débouchés, sur-tout si ce terme est prochain.

En résumé, l'introduction et la multiplication des mérinos en France ont servi l'agriculture d'une manière sensible et remarquable; on ne peut le contester. Si ce genre d'amélioration eût continué encore quelque temps, une grande partie du royaume en auroit ressenti les effets; mais des mesures inconsidérées du gouvernement l'ont arrêté. Je suis convaincu que les choses ne peuvent être rétablies que par celles que j'ai indiquées, c'est-à-dire par la liberté pleine, entière et sans restriction, de vendre partout les laines des mérinos et les mérinos mâles et femelles. La sagesse du souverain qui nous gouverne donne lieu d'espérer qu'il les adoptera. Le ministre éclairé d'un de ses aïeux, dont le nom est dans le cœur de tous les Français, mettoit avec raison l'agriculture au-dessus de toutes les branches d'industrie. Quelle erreur de ne la placer qu'après! quelle injustice de la sacrifier aux autres! que de raisons de la protéger! Les hommes qui la pratiquent ou la font pratiquer, sont les soutiens de la patrie; c'est par leur sueur et leurs veilles qu'ils pourvoient à nos premiers besoins, sans désirer autre chose que de se procurer pour eux et pour leur famille, une existence simple et frugale. Aujour-

d'hui ils demandent, comme nécessité absolue,
de pouvoir se défaire avantageusement d'un excédant d'animaux et des dépouilles de ces animaux,
dont l'entretien les ruine; cette réclamation, qui
est de toute justice, est le seul moyen de suppléer
au bas prix d'une autre sorte de production, sur
laquelle ils s'en rapportent à la prudence du gouvernement.

NOTICE

Sur l'exportation des Laines superfines.

La libre exportation des laines superfines est réclamée par tous les propriétaires de mérinos et de moutons améliorés ; elle est regardée par eux comme le principal régulateur auquel ils devront en définitif la juste indemnité de leurs dépenses, de leurs travaux, et du service qu'ils rendent à l'état en se livrant à cette branche précieuse de l'industrie.

D'une autre part, les manufacturiers de draps, qui veulent par-dessus tout avoir la laine à bon marché, s'opposent à cette libre exportation, et se fondent sur le principe général, *qu'il convient toujours à la prospérité d'un état de s'assurer du bénéfice de la main-d'œuvre;* par conséquent de recevoir sans difficulté toutes les matières premières de l'étranger, pour les lui rendre ensuite avec le bénéfice de la fabrication, mais, par contre, d'empêcher scrupuleusement la sortie de toute matière première, avant qu'elle n'ait obtenu la valeur qu'elle peut devoir à la fabrication.

Cette proposition mène à conclure qu'il faut, avant d'être exportée, que la matière première reçoive toute la valeur qu'on peut lui donner dans le pays; car il paroît évident qu'une substance, qui n'a reçu qu'une première main-d'œuvre, devient matière première à l'égard de la même substance mieux travaillée, et ainsi de suite, tant que l'industrie du pays permet d'y ajouter un perfectionnement; si l'on n'adoptoit pas cette conséquence, tout deviendroit indéterminé et arbitraire dans l'application du principe énoncé.

Ce principe peut être bon sans doute, en général; mais il paroît susceptible de recevoir des modifications dans plusieurs circonstances. On se bornera à citer quelques-uns des exemples les plus remarquables. Le premier de ces exemples (qu'il est bon de rappeler, parce qu'à lui seul il pourra presque toujours être d'un grand poids en notre faveur dans la balance commerciale avec plusieurs de nos voisins) concerne l'exportation des grains. Toutes les fois que cette exportation est permise, on ne fait pas faute, ce semble, en laissant sortir des blés en grains (comme cela se pratique), au lieu d'exi-

ger qu'ils aient été préalablement réduits en
farine. En effet, il vaut mieux laisser faire le
bénéfice de la mouture aux nations qui ne prennent nos blés qu'à cette condition, que de ne
pas faire ce commerce, et d'être exposés à un
engorgement qui ruine le cultivateur et le dé-
tourne de la culture du blé, dont le bas prix ne
paye plus ses dépenses.

Tous les états manquent plus ou moins à ce
principe, qu'on veut faire regarder comme un
axiome en économie politique. Ainsi l'Espagne
et l'Allemagne nous fournissent leurs laines ;
la Russie, ses chanvres et ses lins ; la Suède,
ses fers bruts ; l'Espagne et le royaume de Na-
ples, leurs cotons ; l'Angleterre elle-même exporte pour nous ses sucres bruts ou terrés,
parce que l'intérêt de nos raffineries nous fait
prohiber les sucres blancs : elle nous fournit
aussi des cotons en laine et filés ; et l'on ne dira
pas sans doute qu'elle ne sait pas raffiner les
sucres, ni fabriquer les étoffes de coton.

La France exportoit autrefois pour 4 à 5 millions de laine ; et elle n'avoit alors que peu de
laines superfines ; elle exporte encore aujour-
d'hui plusieurs articles de matières premières,
indépendamment de ses grains ; et le grand
commerce que nous faisons en étoffes de soie

avec l'étranger ne nous empêche pas de trafiquer aussi de la matière première. Cet objet figure pour 3 à 4 millions dans nos exportations ; tandis que, pour un motif de fiscalité bien contraire au principe invoqué, on avoit, dans ces derniers temps, imposé des droits exorbitans à l'entrée des cotons en laine, quoiqu'il fût du plus grand intérêt d'attirer la matière première du coton, pour alimenter et soutenir nos manufactures naissantes.

Dans tous les pays, il y a des accommodemens de circonstance avec le principe invoqué ; et véritablement ce principe, qu'on semble croire inattaquable, blesse dans leurs intérêts les plus prochains les agriculteurs, les négocians et les consommateurs ; il n'est utile qu'aux manufacturiers. On pourroit prouver que si, dans un premier aperçu, il paroît avantageux à la balance de notre commerce, un examen plus approfondi fait apercevoir qu'il lui nuit effectivement par les conséquences de réciprocité qu'il invite l'étranger à établir, par les prohibitions qui, pesant sur les matières premières, diminuent considérablement la masse des exportations, et enfin parce qu'il met obstacle à la multiplication de ces matières premières que nous pourrions obtenir de notre sol.

Il est un autre principe d'économie publique, dont l'expérience de tous les temps a démontré la vérité, c'est *que le débit est l'agent le plus puissant de la reproduction.* Si les matières premières, favorisées par l'exportation, obtiennent une vente avantageuse, on peut être assuré que leur production en deviendra beaucoup plus abondante.

On insiste particulièrement, dans l'examen de la question relative à l'exportation des laines, sur ce que l'Angleterre prohibe aussi la sortie des siennes ; mais, sans examiner si cette loi, qui date de plusieurs siècles, et qu'une longue habitude peut aussi contribuer à maintenir, est bien en harmonie avec le système général des relations commerciales de cette puissance, ni quelle seroit l'influence que la valeur des laines qui pourroient être exportées d'Angleterre, auroit sur la balance de son commerce, il suffira de faire remarquer, 1°. que les laines anglaises appartiennent, par leur nature, exclusivement à ce pays, qu'elles sont essentiellement propres au peignage ; et, comme elles ne se trouvent nulle part ailleurs en Europe, elles donnent lieu à un genre de fabrique, que les Anglais peuvent conserver seuls en se réservant la matière première ; tandis que la laine

superfine n'est pas, à beaucoup près, à nous
exclusivement : ce sont les Espagnols sur-tout
qui auroient intérêt à garder la leur, et cependant ils en font un objet de principale exportation; 2°. que la défense d'exporter les laines,
à laquelle les Anglais attachoient une si grande
importance, seroit d'une très - foible considération dans ce pays pour la multiplication ou
pour l'amélioration des moutons. En effet, c'est
plus encore pour la chair que pour la laine que
les Anglais multiplient les troupeaux; c'est sur-
tout sous le rapport de la chair qu'ils s'occupent
d'amélioration, et qu'ils trouvent leurs principaux bénéfices, qui surpassent toujours leurs
dépenses. Ils ont chez eux très-peu de laines superfines, et il est probable que si le perfectionnement de la laine des moutons eût été pour
eux un objet d'industrie aussi important qu'il
l'est pour la France, et qu'ils eussent reconnu,
dans la permission d'exporter la laine superfine, un gage assuré d'une production abondante de cette matière première, ils en auroient
permis l'exportation; ils l'auroient peut-être
même encouragée par des primes, ainsi qu'ils
ont cru devoir en accorder à l'exportation des
grains, quoiqu'ils n'obtiennent pas de leur sol
une quantité suffisante pour leur consommation.

Mais, en supposant encore qu'on veuille
considérer le principe de prohibition comme
applicable seulement aux matières premières
qui n'ont reçu aucune espèce de manutention ;
en supposant aussi qu'il soit décidé que la
France est dans une situation particulière à cet
égard, et que, seule de tous les états de l'Europe, elle doit en recevoir l'application dans
toute sa rigueur, et quelque difficile qu'il soit
d'admettre un pareil principe dans un pays essentiellement agricole, qui sembleroit au contraire devoir trouver les avantages certains de
la balance de son commerce avec la plupart des
puissances étrangères dans le débit des matières premières surabondantes à sa consommation ; bien qu'on ne puisse non plus se dispenser
de remarquer ici qu'un pareil système tendroit
directement à réduire la production des matières premières, dont l'abondance est pourtant le gage le plus sûr de sa prospérité ; néanmoins, en admettant ce système, on pourroit
encore essayer de montrer que les laines superfines sont dans un cas particulier, qui, sous
trois rapports principaux, peut les faire exempter de la prohibition. On doit, ce semble, considérer d'abord la laine superfine, d'une part,
comme une production exotique, et de l'autre,

comme ayant subi une première préparation,
et étant dès-lors le produit d'une espèce d'industrie manufacturière. En effet, quant à la
première considération, on doit remarquer que
le mouton indigène de France est essentiellement à laine grossière ou demi-fine ; le mouton
à laine superfine est d'origine espagnole, et par
conséquent ces animaux et leurs produits peuvent être considérés ici comme en entrepôt ou
en transit, et non comme une matière première
indigène. Quant à l'autre considération, on
pourroit dire, ce semble, que les substances
véritablement premières étoient le mouton
indigène et la laine grossière ; que la conver-
sion du mouton commun, ou sa substitution
en mouton à laine plus fine ou superfine, ont
exigé une industrie soutenue et un emploi de
capitaux, tant pour le premier achat que
pour l'entretien bien plus coûteux. C'est un
objet sur lequel ni les consommateurs ni les
manufacturiers ne pouvoient compter comme
produit du sol, et dont par conséquent ils ne
doivent pas arrêter le mouvement et la libre
circulation. Si l'industrie agricole n'avoit pas
conquis les mérinos, et si un juste dédomma-
gement des dépenses extraordinaires que ces
animaux occasionnent ne les maintenoit pas en

France, les manufacturiers seroient obligés,
comme par le passé, d'aller chercher à l'étranger toutes les laines superfines, et elles deviendroient bientôt, comme elles l'étoient alors,
l'objet du monopole d'un petit nombre de spéculateurs, auxquels les autres fabricans étoient
ensuite forcés d'avoir recours.

Enfin, si l'on devoit mettre à la sortie des
laines de France la condition d'être lavées avant
l'exportation, on auroit alors un bénéfice no-
table de main-d'œuvre ; car c'est une opération
manufacturière assez importante que le triage,
l'assortiment et le lavage des laines ; mais cette
mesure, si elle étoit adoptée, devroit n'être
que provisoire, parce qu'elle tendroit à mettre
des entraves aux transactions, et à tenir les propriétaires dans la dépendance ; on ne peut se
dissimuler qu'elle éloigneroit, pour le plus
grand nombre d'entre eux, le bien qui peut
résulter du permis d'exporter.

L'habitude de faire des bénéfices énormes
aveugle les manufacturiers eux-mêmes dans
cette affaire, et leur fait préférer des gains rapides, mais éphémères, à des rentrées moins
considérables, mais assurées. Depuis l'avilisse-
ment du prix des laines, ils gagnent 20 à 25
pour 100 dans la fabrication des draps super-

fins. Un tel bénéfice ne peut continuer à être obtenu d'une fabrique essentiellement nationale ; un profit semblable a été bien appliqué aux manufactures de coton dans leur origine, parce que la chose étoit nouvelle, passagère, et qu'on avoit à redouter par la suite une concurrence qui pouvoit détourner les entrepreneurs ; mais il ne peut être soutenu par le Gouvernement, pour un travail qui est acquis depuis long-temps, et d'une manière aussi solide, à notre industrie.

On s'abstiendra de décider jusqu'à quel point il peut être bon que des manufacturiers fassent en peu de temps des fortunes considérables, ainsi que le moment présent en offre plusieurs exemples ; mais on peut dire combien il est fâcheux que des propriétaires, aussi zélés qu'eux, aussi instruits, aussi amis de leur pays pour le moins, et qui apportent sous la main de ces manufacturiers les premiers élémens de leur prospérité, ne fassent pas des bénéfices suffisans pour couvrir leurs dépenses, et pour pouvoir continuer une entreprise aussi utile en ellemême, utile sur-tout par son influence, qui a été si efficace sur les progrès de l'agriculture dans le royaume.

On doit être péniblement affecté lorsqu'on

voit que cette riche industrie, qui reposoit sur
la base la plus solide, l'intérêt particulier, est
prête à nous échapper par les fautes du gouvernement de Buonaparte ; un plus long abandon
suffit en ce moment pour achever de la détruire
tout-à-fait.

EXTRAIT

D'une lettre écrite à l'occasion du mémoire précédent.

27 juin 1714.

Je pense tout-à-fait comme vous sur la liberté que l'on doit laisser aux propriétaires de troupeaux mérinos de vendre le produit de ces troupeaux par-tout où ils trouvent le plus d'avantages ; je vais développer les motifs que j'ai de penser ainsi.

1°. J'établis comme un principe reconnu que tous les intérêts sont égaux devant le monarque, et qu'ainsi l'agriculteur a droit aux mêmes encouragemens que le manufacturier, et l'un et l'autre que le négociant. Je pourrois aller plus loin, et prétendre que l'intérêt de la culture est le premier de tous, puisque bien évidemment c'est le sol qui fournit les matières premières, et c'est de lui encore que sortent tous les genres de richesse sans lesquels il n'y auroit pas de consommation. Je pourrois dire de même que sans les productions de la terre et sans celles de l'industrie il n'y auroit pas de commerce ; puisqu'il n'y auroit ni de quoi échanger ni de quoi payer ; mais je veux me borner à demander l'égalité de traitement pour les cultivateurs, bien qu'ils fussent fondés à demander davantage.

C'est à tenir la balance égale entre les divers intérêts qu'un Gouvernement juste et éclairé doit s'attacher. S'il laisse les manufacturiers exercer une influence illimitée sur la législation, ils auront soin qu'aucune matière première ne sorte, et qu'aucun objet manufacturé ne puisse entrer. De même les commerçans voudront qu'on laisse entrer et sortir tout indistinctement ; peut-être même ne seroient-ils pas fâchés de voir l'agriculture se borner aux productions les plus grossières, et les fabriques éviter toute imitation de l'industrie étrangère, afin qu'on ait besoin de leur ministère pour les jouissances de la vie et toute espèce de luxe.

Mais en cela non-seulement ces deux classes de citoyens perdent de vue l'intérêt de l'état ; j'ose dire qu'ils s'aveuglent même sur le leur, et que si le Gouvernement cédoit à la prétention des uns et des autres, il leur rendroit à eux-mêmes un très-mauvais service. En effet, les commerçans ayant réduit les autres habitans de la France à un état voisin de l'indigence, ne trouveroient bientôt plus à qui vendre ce qu'ils auroient fait venir de l'étranger, et les manufacturiers de leur côté ayant découragé la production des matières premières en voulant se les procurer à vil prix, ne tarderoient pas à en manquer, joint à ce que c'est un mauvais moyen d'augmenter son débit que de ruiner ses chalands.

Les prétentions des agriculteurs en général sont plus modestes. Je ne sache pas, qu'en France du moins, ils aient jamais réclamé contre l'introduction des grains, des bestiaux, des laines ou autres matières premières ; qu'ils aient exigé que, pour consommer leurs lins ou chanvres, on prohibât tout usage du coton. Les sociétés d'agriculture n'ont jamais rien dit de semblable. Elles se sont contenté d'encourager, autant que l'ont permis les foibles moyens dont elles pouvoient disposer, les cultures exotiques qui présentoient le plus d'importance, et pour lesquelles il étoit bon de ne pas dépendre entièrement de l'étranger, et sur ce point même elles ont eu à lutter avec l'ignorance, la prévention, la cupidité, et, ce qui est le pis de tout, avec cet esprit de légèreté qui, chez nous autres Français, fait déverser le ridicule sur tout ce qui est tenté pour opérer le bien, lorsque le succès n'impose pas silence aux rieurs en trois mois de temps ; ce qui ne sauroit être en agriculture. Si les Français avoient été, il y a quinze ou seize siècles, ce que nous les avons vus depuis, nous n'aurions probablement ni la vigne ni le mûrier. Les beaux esprits du temps eussent traité de chimères et d'innovations l'idée de naturaliser sur notre sol ces productions exotiques; ils se fussent ligués avec les étrangers pour empêcher ces entreprises de réussir ; ils eussent prouvé qu'aucun résultat ne pouvoit être obtenu, puisqu'on n'en avoit pas dès la deuxième ou la troisième année ; ils eussent dit aussi qu'il valoit mieux nous procurer par échange le vin, les fruits, la soie, puisqu'il n'y a pas de commerce là où il n'y a pas matière à des échanges ; peut-être même eussent-ils réussi à faire regarder comme de mauvais citoyens les propagateurs de ces nouveautés.

Ceci soit dit en passant ; je reviens. Si le cultivateur a le même droit que les autres classes à la protection du souverain, du moins ne doit-on pas lui refuser le seul encouragement qu'il demande. Il ne sollicite pas des primes pour ce qu'il produit et des prohibitions pour ce que les autres peuvent produire en concurrence ; il se borne à demander la libre disposition de ce qu'il a obtenu de la terre par son travail , sa constance et son habileté.

Un grand malheur pour la cause des agri- culteurs, c'est que le mérite de l'art qu'ils exercent n'est pas apprécié ce qu'il vaut. On dit bien, en termes généraux, que l'art qui nous nourrit est le premier des arts ; mais on le considère ainsi moins par les qualités qu'il sup- pose dans ceux qui l'exercent, que par l'utilité évidente de ses résultats.

J'ai parlé de travail. Tout le monde convient que le laboureur arrose les guérets de ses sueurs ; mais c'est peut-être pour cela même que son art semble grossier aux habitans amol- lis de nos villes, que la seule idée de ces efforts toujours renaissans fatigue et importune.

Quant à l'habileté , celle du cultivateur n'est sentie que d'un petit nombre de personnes. Il semble , à la manière dont on parle ordinaire- ment des récoltes, qu'elles dépendent unique- ment du temps qu'il fait , et que le talent de celui qui a préparé le terrain, choisi les épo- ques , approprié la nature des productions aux temps et aux lieux, ne doive compter pour rien dans le succès.

J'ai nommé aussi la constance parmi les qua- lités du cultivateur. Le mérite de celle-là du

moins doit être senti aussi-bien que son indis-
-pensable nécessité. Quoi de plus méritoire en
effet, pour des hommes organisés comme le
sont nos compatriotes en général, que de vouer
leur vie entière à ce cercle continuel de travaux
toujours renaissans ! Demandez à tous ceux
qui, après avoir connu d'autres occupations,
se vouent à l'agriculture, qu'est-ce qui a exigé
de leur part le plus de sacrifices ; ils vous diront
que c'est la lenteur des procédés et celle des
résultats. Une opération de commerce, l'essai
d'un procédé nouveau en fait de manufactures,
se renouvellent un grand nombre de fois pendant le temps qu'il faut pour préparer, pour
exécuter, et sur-tout pour apprécier la moindre
tentative d'amélioration en agriculture. C'est
une succession d'années qu'il y faut, parce que
rien n'est isolé, et que les années antérieures
influent sur celles qui les suivront. La vie entière d'un homme ne permet pas de faire au-
delà de cinq ou six expériences complètes en
agriculture.

Sans la force de l'habitude, sans l'attrait que
Dieu a mis en nous pour la vie champêtre,
on conçoit à peine comment il resteroit des
hommes pour cultiver la terre, comment sur-
tout des gens riches, éclairés, se consacreroient

à des soins aussi mal payés, aussi mal recon-
nus. Cependant la patience et le dévouement
ont aussi leurs bornes; et il n'est rien qu'on
n'épuise, quand on exige toujours et qu'on
n'accorde rien en retour.

A voir la manière dont on en use envers les
agriculteurs, on diroit que la terre produit
d'elle-même tout ce que nous en retirons, et
que ses largesses sont un fonds commun appartenant au même degré à tous les habitans d'un
même pays. Le manufacturier croit avoir un
privilége sur la laine du cultivateur, comme
si celui-ci l'obtenoit sans soins et sans travail.
Trouveroit-il juste que l'on déterminât de
même le prix de son drap, afin qu'il n'excédât
pas les facultés de l'homme des champs? On
le faisoit il y a un siècle et moins. Les fabricans ont réclamé avec raison contre une semblable fixation du prix de leur industrie; mais
celle du cultivateur a droit à la même liberté,
et c'est limiter aussi le prix des productions de
la terre, que d'empêcher qu'elles n'aillent chercher les marchés où elles se vendroient avec le
plus d'avantage.

Je me suis attaché jusqu'ici à faire valoir les
droits qu'ont les cultivateurs à disposer du fruit
de leur travail avec autant de liberté que tout

8 *

autre citoyen. Je passe à l'examen d'une se-
conde question.

2°. Est-ce un moyen assuré d'avoir plus de
laine à employer dans nos manufactures, que
d'empêcher l'étranger de les acheter ?

Cette question seroit bientôt résolue, si les
moutons étoient une race d'animaux sauvages
qui n'exigeassent nullement le soin des hommes
pour se multiplier et prospérer. S'il s'agissoit,
par exemple, des chamois qui habitent près des
glaciers dans les plus hautes montagnes, il n'y
a nul doute qu'il ne fallût réserver leurs peaux
à l'industrie de nos fabricans ; car en encoura-
geant la chasse de ces animaux par des prix
élevés, on ne feroit que hâter la destruction de
l'espèce. Mais la reproduction des moutons sera
d'autant plus rapide, d'autant plus assurée, que
la laine, ainsi que la chair de ces animaux, seront d'un débit plus assuré et plus avantageux.
On estime communément qu'un bien rural peut
nourrir autant de bêtes à laine qu'il contient
d'arpens. D'après cette base de calcul, combien
la France n'est-elle pas encore éloignée de
posséder autant de moutons qu'elle pourroit,
qu'elle devroit en avoir ! C'est donc une branche d'industrie qui, bien loin de prospérer,
est languissante ; qui, bien loin de pouvoir

faire des sacrifices en faveur de quelque autre industrie, a besoin elle-même qu'on mette tout en œuvre pour la faire fructifier. Or, ce n'est pas un bon moyen pour y parvenir, que de retirer de l'argent de la poche de ceux qui ont des moutons pour le mettre dans celle de ceux qui fabriquent des étoffes de laine. Si ces derniers entendoient leurs vrais intérêts, ils se réuniroient au contraire pour obtenir, à la faveur même de quelques sacrifices, que le nombre des moutons doublât, triplât en France, puisque c'est alors qu'ils seroient assurés de se procurer toujours en abondance, et à des prix favorables, la matière première sur laquelle s'exerce leur industrie. Tout cela est trivial à force d'être clair, et l'on rougiroit de le répéter, si une question aussi simple n'avoit été embrouillée à dessein.

On a cité l'exemple de l'Angleterre qui défend la sortie de ses laines ; mais à tout ce que vous avez dit bien judicieusement sur cette matière, notamment que l'énorme consommation de la viande est pour les cultivateurs anglais un puissant encouragement à élever des bestiaux, j'ajouterai que l'on est loin dans ce pays-là d'être d'accord sur la propriété de cette mesure, et que peut-être seroit-elle changée, si elle n'étoit d'une date fort ancienne, et si l'Angleterre n'étoit gouvernée en grande partie par des usages qu'on a grand soin de respecter.

Arthur Young, entre autres, s'élève en plusieurs endroits de ses ouvrages contre cette défense, par des motifs analogues à ceux que j'ai cherché à exposer.

Au reste, l'Angleterre étant beaucoup plus près que la France du point où les terres sont garnies de tous les moutons qu'elles peuvent nourrir, la défense dont il s'agit n'est pas aussi impolitique pour elle que pour nous. Si nos friches, nos landes étoient couvertes de moutons comme le sont en général celles de l'Angleterre, il y auroit beaucoup moins d'inconvéniens à lever sur cette industrie florissante quelque impôt au profit des manufactures, dans le cas sur-tout où celles-ci seroient en souffrance : mais on peut dire qu'en France c'est absolument l'opposé en ce qui concerne les laines et les étoffes qu'on en fabrique.

Au surplus, si l'on me conteste ce que j'ai cherché à établir comme étant trop contraire aux idées reçues, je ne pense pas du moins qu'on le puisse faire si la question se borne à la laine des moutons mérinos.

3°. J'ai eu occasion de dire que l'habitude est

un des plus forts liens qui attachent l'homme à
ses champs. Cela est si vrai qu'à bien des époques
la terre est cultivée avec perte , et que si , pour
notre malheur , l'esprit de calcul et de spéculation se répandoit parmi les habitans de la campagne , il y auroit à craindre qu'ils ne s'aper-
çussent qu'ils font alors un métier de dupes.

Mais cette force de l'habitude n'agit plus ,
ou , pour mieux dire , elle agit en sens in-
verse lorsqu'il s'agit d'une amélioration quel-
conque. Alors il faut au contraire lutter contre
sa propre force d'inertie , et sur-tout contre
celle de tout ce qui vous entoure ; il faut braver
jusqu'au sarcasme , ce qui est le dernier effort
du courage français ; il faut courir le risque de
perdre son argent pour avoir cherché à faire
le bien public , et le risque non moins réel
d'en être blâmé comme d'un crime. Pour tout
cela il faut un stimulant qui ait de l'énergie.
Dans ce cas, le cultivateur ne se détermine qu'à
la manière des spéculateurs ordinaires : il exa-
mine les profits qu'il peut tirer de son capital ,
de son intelligence , de son temps ; et si , calcul
fait, il lui est démontré qu'il perdra son argent
et ses peines , ou du moins qu'il n'en retirera
pas d'avantage en frayant une route nouvelle
qu'en suivant les sentiers battus , il n'est nulle-

ment probable qu'il consente à se faire moquer de lui par-dessus le marché. Voilà le véritable état des choses relativement aux moutons d'Espagne. Les entreprises de ce genre sont de la nature de celles du commerçant, et formées aussi ordinairement par des hommes qui ont la même existence dans le monde. Il faut leur assurer un profit proportionné à celui qu'ils feroient dans toute autre spéculation, ou se résoudre à laisser la race des mérinos en Espagne, quelque avantage que l'état puisse avoir à la naturaliser dans le royaume.

Admettons pour un moment que les manufacturiers soient fondés à exercer un droit de mainmise sur les productions naturelles de la France, et qu'on range dans cette classe les laines ordinaires ; du moins ne peuvent-ils pas exiger qu'on fasse venir de l'étranger une race nouvelle pour leur en fournir les laines au prix qu'il leur plaira d'y mettre.

DEUXIÈME LETTRE

*A M. le Directeur général de l'agriculture,
du commerce et des manufactures, sur la
nécessité de permettre l'exportation des
mérinos français, tant brebis que beliers ;*

Par M. GABIOU,

*Ancien notaire à Paris, propriétaire cultivateur, membre de la
Société royale d'agriculture et du Jury pastoral de la Seine,
membre de la Société d'encouragement, et correspondant de celle
des sciences physiques, de médecine et d'agriculture d'Orléans.*

MONSIEUR LE DIRECTEUR GÉNÉRAL,

J'ai toujours lieu d'être satisfait des audiences
que vous voulez bien m'accorder, et je ne puis
trop admirer la patience et l'attention que vous
mettez à m'écouter ; mais je dois vous paroître,
moi, bien importun avec mes mérinos. Vous
vous en êtes plus occupé depuis six semaines,
que ne l'ont été ensemble tous les administrateurs qui vous ont précédé.

Ce n'est pas ma faute, c'est celle de l'importance de l'affaire, c'est celle sur-tout des personnes qui ont si indiscrètement conçu l'idée de prohiber l'exportation des mérinos français et de leurs laines.

Un administrateur prend en cinq minutes une mesure désastreuse; les effets s'en font sentir. Des milliers de citoyens s'inquiètent alors, s'agitent, se consument en démarches, en sollicitations, en écrits, pour obtenir justice; et ils n'y parviennent qu'après avoir perdu et fait perdre un temps considérable, qui auroit été employé à enrichir la société des productions de l'industrie, si on lui avoit laissé son libre cours. Quel argument, Monsieur, contre les partisans du système prohibitif et règlementaire !... Quand ils y auront répondu, je leur en présenterai vingt autres plus forts.

Dans ma première lettre, M. le directeur général, je vous ai demandé la libre exportation des laines de mérinos français, qu'une extension arbitraire de la loi du 26 février 1792, empêche depuis vingt-deux ans; je vous ai dénoncé le monopole que quelques marchands de laines exercent sur les propriétaires de mérinos par le défaut de concurrence des marchands étrangers, et je vous ai fait voir que ce monopole détruiroit infailliblement la précieuse branche d'industrie agricole de l'éducation des mérinos, et porteroit le coup le plus funeste à l'agriculture française. Vous avez reconnu le mal; mais vous avez cru mes craintes exagérées; et il a fallu les faits eux-mêmes pour prouver qu'elles ne l'étoient point. La foire aux laines du 4 juillet s'est passée sans qu'aucune vente ait été faite, sans qu'aucune enchère même ait été portée; et les marchands français, d'accord entre eux, et dégagés de toute concurrence avec l'étranger, ont affecté de ne pas oser offrir 1 fr. 25 c. de la livre de laine superfine, qu'ils payoient autrefois de 2 fr. 50 c. à 3 fr., quand les draps coûtoient une fois moins cher qu'ils ne coûtent actuellement.

En insistant plus que jamais (puisque les faits parlent si haut) sur la nécessité de prendre promptement une mesure qui fasse cesser enfin les pertes considérables qu'essuient les propriétaires, par l'effet de l'empêchement mis à la vente de leurs laines, je viens aujourd'hui, M. le directeur général, vous demander aussi la libre exportation des beliers et des brebis mérinos français; et je m'appuie sur ce motif de la plus haute importance, que la liberté d'exporter les laines ne pourra pas suffire à elle seule pour alimenter et soutenir la branche d'industrie de l'éducation des mérinos ; qu'il faut donc y joindre la liberté d'exporter des beliers et des brebis provenus du croît des troupeaux de mérinos français.

Je réduis toutes mes preuves à des calculs.

Les meilleures raisons sont susceptibles de discussion. Les calculs n'en souffrent point ; ils sont évidemment faux ou vrais. Je tirerai seulement des calculs les principaux résultats qu'ils présentent , et je répondrai ensuite à quelques objections que j'ai entendu faire.

Je suppose donc un troupeau de 300 brebis portières, et je cherche ce qu'il coûte et ce qu'il produit.

En voici le tableau :

État de la première mise de fonds faite pour achat d'un troupeau de 300 brebis portières et 12 beliers, le tout de race pure mérinos, et aperçu de la dépense et du produit annuels de ce tableau.

OBSERVATION.

Si l'on supposoit un troupeau moindre de 300 bêtes, la dépense seroit proportionnellement plus forte, parce qu'il faudroit toujours le même nombre de bergers.

Les brebis portières de race pure mérinos bien acclimatées en France (*ce point est très-important*), et d'un âge qui ne soit pas trop avancé , se sont toujours vendues de 200 à 240 francs; on les vend aujourd'hui 150 francs : nous supposons , pour mettre toute dépense au plus bas, qu'on ne les ait payées que 120 francs.

Pour les 300 brebis(1).	36,000 fr.
Les beaux beliers ne se vendent pas encore aujourd'hui moins de 200 francs , supposons-les au prix de 150 francs pour les 12 beliers.	1800
Total.	37,800
Arrangement des bergeries , des râteliers, des mangeoires, des ouvertures de croisées pour donner de l'air , travaux en crépis, etc., etc., pour le tout la somme fixe et une fois payée de..	2200
Total.	40,000

(1) L'objet du présent travail étant de faire voir la position d'un homme qui est propriétaire depuis plusieurs années, la supposition du prix de 120 francs est très-modérée. A Rambouillet, on a vendu des beliers jusqu'à

Dont l'intérêt doit être calculé comme celui d'un capital viager, et d'un capital sujet même à de grands accidens et à une perte considérable.

On ne peut pas calculer cet intérêt au-dessous de 12 pour 100 l'an; ci pour les intérêts dudit capital (1). . . . .   4800 fr.

Dépense annuelle.

Un premier berger à 500 francs de gages 500		
Un aide-berger à. 200	1430	
Nourriture de ces 2 hommes à 1 franc par jour chacun, compris la boisson d'usage, et la nourriture des chiens. 750		

Nota. Des hommes de journée sont très-souvent indispensables, soit pour affourer les animaux, quand les

6230 fr.

+500 francs et plus, et des brebis jusqu'à 800 francs. Le prix moyen des ventes à Rambouillet a été couramment pour les beliers, de 600 à 700 francs; et pour les brebis, de 300 à 400 francs.

(1) J'aurais dû calculer cet intérêt à 15 pour 100, comme l'a fait mon collègue *Yvart*, comme on l'a fait toujours pour les chevaux et autres animaux, mais j'ai voulu porter toute dépense au plus bas.

Ci-contre. . . . .   6230 fr.

bergers sont aux champs avec eux,
soit pour nettoyer les bergeries et
panser les animaux quand ils sont
malades. On ne fait ici aucune men-
tion de cette dépense, *mémoire.*

Frais de tonte, de maladie, achat
de drogues, de fers de marque,
achat de couleurs pour marquer
les bêtes, de ficelles pour lier les
toisons, etc., etc.   400

Frais de nourriture des 312 bêtes,
à raison de 2 livres de fourrage sec
par jour, pendant six mois de
l'année, en supposant que l'on ne
donne que du fourrage, et en ne l'é-
valuant qu'au prix de 25 francs le
100 (il est rarement plus bas, mais
bien souvent il est plus haut), ce
sera pour les 312 bêtes, 624 livres
par jour ou 62 bottes, et 1860
bottes par mois. On ne sauroit
compter (si ce n'est dans le midi
de la France) sur moins de six mois
de nourriture à la bergerie; savoir:
novembre, décembre, janvier, fé-

6630 fr.

(128)

De l'autre part. . . 6630 fr.

vrier, mars et avril. A la vérité
pendant quelques jours des premier et dernier de ces mois, le
troupeau pourra être envoyé aux
champs, mais il y aura en re-
vanche des jours pluvieux pendant
les six autres mois de l'année où
il sera obligé de rester à la bergerie ; il faudra même qu'on l'y nour-
risse pendant tout le temps des
grandes chaleurs où l'herbe est
brûlée. Une chose compense l'autre. Ainsi donc, six mois à 1860
bottes par mois, ce qui fait 11,160,
ou pour faire un compte rond, et
parce que les 31 de mois ont été
négligés, 11,200 bottes, qui, à
25 fr. le 100, donnent la somme de.   2800

Nourriture aux champs pendant les
six beaux mois de l'année évaluée
à (1).   936
                                        ———
                                        10,366 fr.

———

(1) Je connois un propriétaire qui a loué, moyennant
1200 francs, le parcours d'une commune pour la nourriture de son troupeau, qui est de moins de 200 brebis
portières.

Ci-contre. . . . . 10,366 fr.

Paille d'orge , ou d'avoine, paille
de blé pour la litière, tirée ici
pour *mémoire* comme devant se
compenser avec les avantages du
fumier, *mémoire.*

Avoine, son et sel pour provende.   5oo

Nourriture des agneaux provenant
de ce troupeau , pendant l'année,
en supposant 250 agneaux pour
terme moyen, et en évaluant leur
nourriture à 10 francs par an
chacun (1).   2500

Total des intérêts de la mise
de fond et de la dépense an-
nuelle. . . . . .13,366 fr.

Produit en nature.

1°. Laine de 292 bêtes , les 20 autres étant
supposées avoir péri (ce qui est dans la proportion reconnue de 6 pour 100 par an) à raison
de 6 livres et demie de laine en raye ou par
chaque bête, 1898 livres ou 2000 livres de laine;

_____

(1) Un propriétaire de ma connoissance m'a fait voir
des marchés qu'il avoit passés pour la nourriture de ses
agneaux, à 12 francs et à 14 francs par an , par tête d'a-
gneau. C'est à quarante lieues de Paris.

2°. Agnelin de 230 agneaux, ce qui fait à raison d'une livre un quart par agneau, 290 livres d'agnelin;

3°. Accrû du troupeau , 270 agneaux, qui à la fin de l'année se trouvent réduits à 230, par l'effet des mortalités calculées à raison de 15 pour 100 pendant la première année.

Sur ce nombre de 230, il y a à prendre la quantité nécessaire pour le renouvellement du troupeau; savoir : 20 pour les bêtes mortes , ci.   20
et 100 pour remplacer les bêtes les
    plus vieilles , remplacement que les
    propriétaires qui sont curieux de
    leurs troupeaux , ne manquent pas
    de faire par tiers tous les ans , ci. . . 100

En tout. 120

Il restera à vendre 110 moutons, dont les 40 moins beaux seront vendus dans l'année même comme agneaux, et les 70 autres à deux ou trois ans, comme bêtes de choix, bêtes de commerce (pour employer l'expression consacrée); on peut en fixer la valeur à 120 francs la pièce (1), et celle des agneaux à 20 francs.

_____

(1) Il n'est pas bien sûr que l'on vendra toujours à ce prix de 120 francs la pièce.

Il y aura de plus à vendre les 100 bêtes de la réforme du troupeau qui, étant âgées de plus de six ans, ne doivent pas être évaluées plus de 60 fr. la pièce.

Produit en argent.

Ainsi 40 agneaux à 20 francs. . . .	800 fr.
70 bêtes de choix, à 120 francs. .	8400
100 vieilles bêtes à 60 francs. . . .	6000
Total. . . .	15200 fr.

Mais l'expérience a montré qu'un propriétaire ne vend pas (sur-tout depuis quatre ans) le quart de ses bêtes. Supposons qu'il vendît ses

agneaux en entier.	800 fr.
La moitié des 70 bêtes de choix. .	4200
La moitié des vieilles bêtes.	3000
Il auroit à envoyer à la boucherie 85 bêtes, dont 50 de vieilles ; il ne les vendroit pas plus de 15 fr. au boucher.	1275
Total.	9275 fr.

Résultat.

Il auroit dépensé.	13336 fr.
Il auroit retiré de la vente de ses bêtes.	9275
Différence en perte.	4061

9 *

dont il faudroit qu'il se couvrît par la vente de
ses laines, qui doivent lui produire de plus le
bénéfice naturel de sa spéculation, lequel dans
une affaire aussi hasardeuse, ne peut guère
être moindre de 15 pour 100.

Or, en vendant sa laine 3 francs la livre, il
en retireroit la somme de. . . . . 6000 fr.
Et il retireroit de son agnelin, en l'é-
valuant 2 fr. la livre, la somme de. 580

En tout. . . . . 6580 fr.
Perte à couvrir. . . . 4061

Resteroit en bénéfice. . . . 2519 fr.
Ce n'est qu'un bénéfice de 6 $\frac{1}{4}$ pour 100. Il est
loin de suffire pour encourager à la spéculation.

Ce sera bien pis si la laine n'est vendue que
2 francs, et l'agnelin 1 franc 25 centimes la livre.
Il aura de sa laine. . . . . 4000 fr.
De son agnelin. 362

En tout. . . . . 4362 fr.
Sur quoi perte à couvrir. . . 4061

Il resteroit pour bénéfice. 301
ce qui feroit $\frac{3}{4}$ pour 100.

Mais que deviendra le spéculateur, s'il ne
peut vendre aucune de ses bêtes (et c'est ce
qui a lieu aujourd'hui, et continuera d'avoir

lieu si le décret de prohibition d'exportation des
beliers et brebis n'est pas rapporté). Alors il sera
obligé d'envoyer ses 170 bêtes à la boucherie ;
mais il ne les vendra pas plus de 18 fr. la pièce,
ce qui lui donnera (1) . . . . 3060 fr.
Les 40 agneaux, il ne les vendra au
   plus que 10 fr. 400

             Total. . . . . . 3460 fr.

Il aura dépensé. . . . . 13366.
Il aura retiré de la vente de ses bêtes.. 3460

         Différence. . . . . . 9906 fr.
dont il sera en perte, sauf ce qu'il retirera de
la vente de la laine. Quand il la vendroit 5 fr.
la livre, il n'en auroit que. . . . . 10000 fr.
et ne retireroit que 870 francs de son
   agnelin, quand il le vendroit 3 fr.
   la livre, ci. 870

        En tout. . . . . . 10870 fr.
  Sur quoi défalquant sa perte ci-
   dessus de. 9906

Il n'auroit pour bénéfice que. . . . 964
ou 2¾ pour 100 environ de son capital.

_____

(1) Le mérinos, considéré sous le rapport de sa viande,
ne vaudroit pas plus de 13 à 14 francs. Le boucher pourra
se déterminer à en donner 18 francs, à cause de la laine
qui se trouvera avoir déjà quelque longueur.

Que sera-ce donc s'il ne vend sa laine que 2 francs la livre, et son agnelin que 1 franc 25 cent., comme en 1813, il ne lui restera pour se couvrir de ses 9906 francs que 4362 francs; c'est-à-dire qu'il sera en perte de 5544 francs (de près de 14 pour 100 par an).

Enfin, que sera-ce si les marchands ne peuvent lui payer sa laine que 1 franc 50 centimes, et l'agnelin 1 franc, comme je l'ai entendu avancer à deux d'entre eux qui vouloient s'amuser de l'embarras des propriétaires. Alors il ne retirera de sa laine que. . . . . . 3600 fr.
et de son agnelin que. 290
_____
En tout. . . . . . 3290 fr.

Il aura à se couvrir de, ... 9906 fr.
Il ne restera que. 3290
_____
c'est-à-dire qu'il perdra. . . . 6616 fr.

ou   16 ½ p. 100.

Avant de tirer les résultats de ce tableau de dépense et de recette, permettez-moi, M. le directeur général, de vous faire remarquer que je l'ai dressé dans l'hypothèse la moins favorable à mon système; car mes calculs sont faits pour un troupeau de 300 brebis portières, et c'est un troupeau déjà bien fort. Il y en a

vingt fois plus au-dessous qu'au-dessus de ce
nombre. Tous les propriétaires de troupeaux
moins considérables auront à dépenser proportionnellement davantage, parce qu'il faut toujours deux bergers, par la nécessité où l'on est
de mener séparément les brebis portières et les
agneaux. Ces propriétaires seront donc placés
dans un cas encore plus désavantageux ; ce qui
renforce les preuves résultant de mes calculs.
Je crains bien aussi d'avoir porté trop haut le
prix des bêtes qui seroient à vendre à la boucherie.

En second lieu, mes calculs sont faits pour
des troupeaux de race pure placés dans un
rayon de trente à quarante lieues de Paris ; et
on sait que c'est dans ce rayon que se trouve
la plus grande partie des beaux troupeaux. On
ne peut pas m'opposer des différences de dépense qui résulteroient de quelques localités
où de la moins bonne tenue des troupeaux :
c'est la généralité qu'il faut voir, et non pas
quelques particularités accidentelles. Si les
troupeaux qui sont à quarante lieues aux envi-
rons de Paris ne peuvent plus être tenus par
leurs propriétaires, ils n'iront pas se réfugier
au loin. Il restera peut-être bien encore quelques troupeaux çà et là dans certaines provinces

de France ; mais ce seront des raretés qui ne présenteront aucune utilité ni à nos manufactures, ni au système d'amélioration de l'agriculture française. Or, c'est l'utilité qui est le point essentiel.

Enfin, M. le directeur général, ce tableau n'est pas fait d'imagination ; il est basé sur l'expérience que j'ai acquise, ou plutôt c'est le relevé de dépenses bien réelles, bien raisonnées faites depuis plusieurs années, et que j'ai cherché à diminuer le plus possible : celles de tous les propriétaires de troupeaux que je connois excèdent les miennes ; celles des fermiers qui tiennent bien leurs troupeaux n'y sont pas inférieures ; seulement aucun d'eux peut-être n'a encore pensé à se rendre compte au juste de ce que son troupeau lui coûte à nourrir : très-peu de propriétaires l'ont fait. Mais que l'on présente à qui l'on voudra mes calculs, tous les gens de bonne foi conviendront qu'il n'y entre aucune exagération, et qu'il n'y a rien à retrancher de la dépense, si l'on veut qu'un troupeau soit tenu de manière à prospérer. Ayez donc la bonté de regarder ce tableau de dépenses comme le plus exact, ou du moins le plus approximatif que l'on puisse présenter.

Maintenant qu'il s'agit de tirer les résultats

de ce tableau de recettes et de dépenses, il est évident d'abord que la spéculation des propriétaires de mérinos porte sur les bêtes en elles-mêmes et sur les laines ; que ces deux parties bien distinctes doivent concourir l'une et l'autre à faire face aux intérêts des avances et aux dépenses annuelles, et à fournir le bénéfice naturel de la spéculation ; qu'anéantir l'une de ces deux parties de produit, celle de la vente des animaux, c'est forcer l'autre partie, celle des laines, à fournir toute seule ce qu'elle n'auroit à fournir que pour portion ; c'est augmenter le prix de la laine, ce qui est assurément contre l'intérêt de tout le monde et contre le but proposé, puisque l'objet de l'éducation des mérinos est de procurer à nos manufactures la laine superfine dont elles ont besoin.

En second lieu, il résulte évidemment des calculs qu'à quelque somme que monte le prix de la laine, il ne pourra jamais être suffisant pour couvrir les dépenses et donner ensuite un bénéfice ; que conséquemment vouloir empêcher la vente des animaux, c'est vouloir ruiner la spéculation, c'est vouloir anéantir la branche d'industrie agricole de l'éducation des mérinos.

Et comme, d'un autre côté, il n'est pas moins évident que quand personne en France

n'achète plus de mérinos, empêcher de les exporter, c'est empêcher les seules ventes qui
pourroient en être faites aux étrangers qui les
recherchent encore, il s'ensuit évidemment
que c'est la défense d'exportation qui fera la
ruine des troupeaux de mérinos français.

Je parle en grande connoissance de cause,
M. le directeur général, quand je dis que personne en France ne veut plus acheter des mérinos. Il est de fait que, depuis le décret de 1811
qui a établi des dépôts de beliers, tout le monde
s'est dégoûté des mérinos, et cela ne pouvoit
être autrement. Comment le cultivateur qui
vouloit métiser ses brebis communes auroit-il
consenti à acheter des beliers quand le gouvernement lui en fournissoit pour rien? Comment
aussi ceux qui auroient été tentés de se livrer
à la spéculation de l'éducation des troupeaux
de race pure n'en auroient-ils pas été détournés,
en voyant l'impossibilité pour l'avenir de vendre
aucun des beliers qui proviendroient de leur
troupeau, en voyant que le gouvernement tenoit si peu à la pureté de la race, qu'il encou-
rageoit le métissage par tous les moyens possibles, et ne se montroit attentif dans tous ses
actes qu'à décourager les propriétaires de troupeaux de race pure? Le nombre de ceux qui

jusqu'alors les recherchoient a donc disparu ou
du moins s'est trouvé réduit du jour du décret
à un très-petit nombre d'amateurs qui conser-
voient encore une lueur d'espoir, ou qui faisoient à leur goût particulier des sacrifices auxquels l'intérêt raisonné du spéculateur se seroit
refusé. Il ne s'est pas fait depuis le décret la
dixième partie des ventes qui se faisoient annuellement : c'est un fait positif que personne
ne peut révoquer en doute. Cette loi de mars
1811 est bien la loi la plus absurde qu'on ait pu
imaginer et celle qui ait jamais été plus directement contre le but qu'on se proposoit (du moins
en apparence). Elle étoit absurde à ce point,
cette loi, que, quand il s'est agi de la mettre à
exécution, le ministre, sous prétexte de l'in-
terpréter, a autorisé dans ses instructions particulières la non-exécution d'une des premières
et plus essentielles mesures de la loi, celle qui
ordonnoit sous des peines très-sévères la cas-
tration des beliers mâles. Une loi qu'on inter-
prète en l'annihilant dans ses parties princi-
pales.... est-ce assez curieux? Voilà pourtant
où l'on arrive quand, au lieu des vrais principes qui ne sont que la déclaration de la nature des choses on se fait des principes de fantaisie ou d'intérêt particulier qui sont en opposition avec elle.

Quoi qu'il en soit, M. le directeur général, toute la question se réduit aujourd'hui à cette alternative, ou laisser exporter les beliers et les mérinos français, ou les faire détruire.

Dans le premier cas, l'excédant de nos besoins en mérinos, ce que nous ne pouvons en nourrir, s'échange avec l'étranger contre son numéraire. Ce numéraire vient, dans l'intérêt du propriétaire, le dédommager de ses avances et de ses peines; et dans l'intérêt général de la France, y solder de l'industrie et du travail, et augmenter la somme de notre signe d'échange.

Dans le second cas, dans celui de la défense d'exportation, comme il n'y a plus de moyens de vendre les mérinos, la France ne perd pas seulement tout ce qu'elle ne pourroit pas nourrir de mérinos, elle perd aussi tout ce qu'elle auroit pu en élever chez elle, parce que le propriétaire se gardera bien de continuer une spéculation qui le ruineroit. Il vend ses mérinos comme viande de boucherie, et ce qu'il en retire alors est le prix le plus vil, est d'ailleurs un argent pris en France, qui n'augmente en aucune manière la masse de notre numéraire. Ainsi il y a perte absolue et pour le propriétaire qui est loin de se couvrir de ses avances, et pour la France qui se prive volontairement d'un moyen de commerce et d'échange, qui se prive d'une source de nouvelles richesses pour son agriculture, et se met de plus dans la nécessité d'exporter son numéraire pour se procurer une matière première qui est indispensable au besoin de ses manufactures, et qu'elle auroit pu trouver chez elle.

Certes, entre ces deux partis, le choix ne peut pas être douteux.

Et s'il l'étoit, Monsieur, et que malheureusement le gouvernement actuel prît le change dans cette affaire, cette nouvelle erreur auroit les effets les plus funestes, et les conséquences les plus décourageantes. Oui, je ne crains pas de le dire, le maintien des décrets désastreux qui ont été rendus par le dernier gouvernement seroit cent fois pire que ne l'étoient en eux-mêmes ces décrets, parce que tout le mal qu'ils ont fait ne pouvoit, penseroit-on, être pressenti d'avance ; tandis qu'aujourd'hui il s'est fait sentir à tout le monde, et que personne ne peut plus le révoquer en doute. Tous les actes du dernier gouvernement, tous ces actes, si fous, si arbitraires, si violens, les propriétaires les souffroient avec patience, parce qu'ils n'y voyoient que l'esprit de vertige qui l'entraînoit à sa perte, qui devoit ame-

ner un nouvel ordre de choses où la raison
seroit écoutée et la justice enfin obtenue. Mais
quel ne seroit pas leur découragement, quel
ne seroit pas celui de toutes les classes de la
société, si le gouvernement actuel suivoit les
erremens d'un gouvernement exécré, et qu'il
ne cédât pas à des vérités devenues ici des
vérités de calculs, lui qui se montre si paternel, lui qui a besoin d'être juste pour être
fort?

Ainsi donc tout se réduit à attaquer mes
calculs; mais s'ils ne peuvent l'être, si, comme
je le soutiens, parce que j'ai pour moi l'expérience, ils sont inattaquables, en masse du
moins, et non pas dans des circonstances lo-
cales ou particulières qui ne décident rien, j'ai
lieu d'espérer, Monsieur, que l'administration
se rendra à l'évidence. Induite en erreur dans
une question d'une conséquence aussi grande,
elle pourroit bien maintenir les décrets exis-
tans; mais elle ne pourroit pas empêcher la
destruction en France des troupeaux de mérinos et la ruine de l'agriculture : trois ans ne
se seroient pas écoulés, qu'elle reconnoîtroit
la fatale erreur où elle auroit été entraînée,
et gémiroit en voyant le mal qu'elle auroit fait
involontairement à la France.

N'est-ce pas déjà trop, Monsieur, d'une discussion aussi prolongée et qui occupe tant de
personnes? et n'eût-il pas été à désirer qu'elle
ne s'engageât pas? Le Français est naturellement confiant, et prompt à concevoir de l'espoir ; mais il est plus prompt encore à se décourager, et il reprend difficilement confiance.
Quel malheur donc qu'on ait enlevé aux propriétaires de mérinos celle qu'ils avoient dans
la bonté de leurs spéculations. Je suis persuadé,
Monsieur, que vous regrettez de n'avoir pas
eu auprès de vous un conseil d'agriculture
comme vous en avez un de commerce , et de
n'avoir pas pu entendre contradictoirement à
huis clos les parties contendantes. Tout se seroit passé bien autrement; et, les raisons pesées
de part et d'autre , vous eussiez reconnu ,
Monsieur, et les commerçans en laine eussent
reconnu eux-mêmes; que , mis à part l'intérêt
illégitime de deux ou trois personnes, il étoit
de l'intérêt de tout le monde de donner la plus
grande liberté d'exportation aux laines de mérinos français ; et aux béliers et brebis de cette
race, sans les charger même d'aucun droit de
sortie. L'ordonnance de rapport des décrets de
prohibition d'exportation eût été incontinent
rendue par Sa Majesté, et les propriétaires

qui eussent ignoré tous les débats , auroiént conservé pour le succès de leur spéculation un espoir qui leur a été enlevé bien moins encore par les événemens passés que par la fatalité des circonstances qui ont fait tomber les laines à 50 pour 100 au-dessous des années précédentes.

Puisque malheureusement les choses ne se sont pas passées ainsi , le mal sera plus difficile à réparer et la confiance plus longue à revenir ; mais que cette réparation arrive donc , Monsiéur le directeur général , car chaque jour de retard enrichit quelques spéculateurs aux dépens des malheurenx cultivateurs et des propriétaires. Il en est temps encore , et nous pouvons espérer qu'il suffira de la mesure de laisser exporter sans droits , et les beliers et les brebis mérinos français , et les laines en provenant. Oui , je compte beaucoup sur l'efficacité de cette mesure , en y joignant toutefois celle que je solliciterai incessamment de vous encore , de mettre à la disposition des propriétaires de troupeaux de race pure l'établissement de la foire aux laines qui existe à Paris : il est géré en ce moment au profit du gouvernement , et ne présente aucun avantage aux propriétaires. C'est cependant pour eux qu'on a voulu le creer. Organisé d'une manière convenable, il leur procurera, je l'espère, des avantages et des bénéfices qu'ils ne soupçonnent pas.

Vous allez peut-être ici, M. le directeur général, me trouver bien exigeant. Je crois, au contraire, que je suis très-modéré; car ne pourrois-je pas vous demander, Monsieur, pour nous propriétaires de mérinos, des primes ou des exemptions qui nous dédommagent de toutes les pertes que le gouvernement passé nous a fait éprouver, et nous aident à continuer notre spéculation. Certes, les marchands et les manufacturiers, s'ils étoient à notre place, ne manqueroient pas cette demande de primes d'encouragement pour l'exportation des laines de mérinos français, et ils demanderoient de plus de forts droits à l'entrée des laines étrangères, pour ne pas laisser élever une concurrence qui aviliroit les premières. Suivant eux alors, on ne sauroit encourager par trop de moyens les manufactures de laines fines nouvellement établies en France, qui doivent un jour nous mettre à portée de nous passer de l'étranger, et qui présentent d'aussi puissans secours aux progrès de l'agriculture.

Je viens de tirer du tableau que j'ai présenté les deux principaux résultats qu'il offre.

10

L'un, que, dans la spéculation sur les mérinos, les deux sources de produit qui doivent
couvrir l'intérêt des avances et les dépenses
annuelles, et donner le bénéfice de la spéculation, sont le prix de vente des animaux et le
prix de vente des laines; de sorte que l'une de
ces deux sources manquant, celle de la vente
des animaux, par exemple, il faut que l'autre
source, celle de la vente des laines, fournisse
à elle seule ce que toutes deux ensemble auroient eu à fournir : d'où j'ai déduit cette conséquence, qu'empêcher la vente des animaux,
c'est vouloir faire augmenter le prix de la laine.

L'autre résultat est que, quel que soit le prix
auquel s'élève la laine, il ne pourra jamais être
suffisant pour servir aux avances et aux dépenses annuelles, et donner le bénéfice naturel
de la spéculation; qu'ainsi c'est la ruiner, que
d'empêcher la vente des animaux, vente, qui,
d'ailleurs, dans l'état actuel des affaires, ne
peut plus se faire qu'à l'étranger.

Je m'en tiens, Monsieur, à ces deux résultats; ils sont suffisans pour prouver la nécessité
de permettre l'exportation des mérinos français.
Je n'ai donc pas besoin de montrer combien est
injuste la loi qui défend cette exportation. Il n'y
a pas de plus grande injustice que celle de dé-

truire des propriétés existantes , formées à grands frais , et de les détruire sans utilité pour personne , au détriment même de la prospérité du pays.

Cette loi de défense est une de celles qui s'improvisoient en violation de tousles principes , et sans rien connoître de la matière qu'elles concernoient.

Je me borne donc à discuter quelques objections que j'ai entendu faire.

La première est que les propriétaires de mérinos , ou les cultivateurs , ne doivent pas faire sonner si haut ce qu'ils dépensent pour la nourriture de leurs troupeaux , parce que véritablement les mérinos ne coûtent presque rien , vivant la plupart du temps aux champs sur les jachères , et ne consommant que ce qui seroit perdu dans une ferme ; et que d'ailleurs leur nourriture est bien compensée par les avantages des fumiers qu'ils donnent pour l'engrais des terres.

A entendre les auteurs de l'objection , il sembleroit qu'on nourrit un troupeau de quatre à cinq cents mérinos , comme on nourrit une trentaine de volailles avec des criblures de grains , ou qu'il leur suffit des débris de foin et de paille qui se trouvent dans les greniers

10 *

et les granges. Mais il n'en est pas ainsi : cinq cents mérinos mangent davantage que trente poules, et l'on ne peut se dispenser de leur donner du fourrage et d'autres alimens encore : ce fourrage, les racines et l'avoine qu'on y joint souvent, le fermier les récolte, ou bien il est obligé de les acheter. Dans ce dernier cas, c'est de l'argent qui sort de sa bourse ; dans le premier, il perd le moyen d'y en faire entrer, en ne vendant pas des denrées qu'il est obligé de réserver pour son troupeau. Quant à la nourriture qu'on prétend que le troupeau trouve aux champs sur les jachères, il ne peut pas aller aux champs pendant les mois d'hiver et les mauvais temps ; il faut donc le nourrir dans la bergerie pendant cinq ou six mois. Les jachères aussi n'existent pas sur les fermes où sont les mérinos : à la vérité, leur suppression est un avantage pour les cultivateurs ; mais c'en est un aussi pour la société toute entière, qui a par-là un intérêt à encourager l'éducation des mérinos. Quel que soit, au surplus, cet avantage, le cultivateur l'achète par de plus fortes avances, et plus de soins et de travaux. Mais il ne sera jamais curieux de le rechercher par une réalité de sacrifices et de pertes considérables sur son troupeau. Enfin, pour ce qui est des fumiers que

les mérinos procurent, les autres moutons en
donnent aussi. Il n'y a donc pas à en tenir un
compte particulier, puisque ce n'est pas un bénéfice qui soit exclusivement le propre des
mérinos.

Vous voyez, Monsieur, combien est foible
l'objection! elle est pourtant d'un homme de
beaucoup d'esprit et de mérite ; et voilà pourquoi j'ai mis de l'importance à sa discussion ;
mais on peut avoir beaucoup de mérite, et ne
pas connoître assez les choses de la campagne
qui ne se devinent point, et sont de pratique.
Vous ne sauriez croire, Monsieur, combien,
sur-tout en matière d'économie rurale, se
trompent les gens les plus instruits dans les
villes. Généralement en France, l'on dédaigne
trop, en toute affaire, de consulter les gens
du métier. Les conséquences qui en résul-
tent sont cependant plus grandes qu'on ne
l'imagine. Dans le cas actuel, par exemple,
notre importante question d'économie politique
ne peut être bien décidée sans la connoissance
exacte des frais de nourriture d'un troupeau.
Beaucoup d'autres questions pareilles, en matière de commerce et de droits de fisc, ou en
matière même d'impôts directs, ont reçu de
tout temps les décisions les plus désastreuses,

parce que, faute de connoissances positives, on
n'a pu sentir quels effets ces décisions auroient
sur le sort de l'agriculture, duquel dépend la
prospérité du pays, souvent sa tranquillité
même.

Une autre objection, est que l'élévation du
prix des laines à un taux convenable suffira
pour faire rechercher les mérinos.

Cette objection n'est pas plus forte que l'autre.
Si les mérinos se vendoient facilement, leur
valeur vénale pourroit hausser ou baisser,
suivant l'augmentation ou la baisse du prix des
laines, parce que le prix d'achat d'un objet pro-
ductif se met toujours naturellement en rapport avec le produit qu'il rend; mais ce ne sera
jamais la hausse du prix des laines qui déter-
minera toute seule à acheter des mérinos. J'ai
fait voir dans mon tableau que les laines ne pouvoient jamais monter en France à un prix tel,
que l'on achetât des mérinos par rapport à leur
laine seulement, et que la spéculation sur ces
précieux animaux portoit sur deux parties bien
distinctes, le croît annuel de l'animal et la dépouille de laine qu'il donne tous les ans.

Une troisième objection paroît plus spécieuse:
elle a même cet avantage de présenter une sorte
d'accommodement; elle consiste à dire, qu'il

suffit de permettre l'exportation des béliers. Je
ne répondrai qu'un mot à cette objection. Elle
ne détruit pas les calculs positifs , par lesquels
j'ai prouvé qu'il faut pouvoir vendre et béliers
et brebis , pour que la spéculation des mérinos
ne soit pas mauvaise. On vend un belier contre
vingt-cinq ou trente brebis, parce qu'il suffit
d'un belier pour servir ce nombre de brebis.
Comment donc seroit-elle suffisante , la mesure
qui permettroit au cultivateur de vendre seulement la vingt-cinquième ou trentième partie de
ce qu'il auroit besoin de vendre. Joignez encore
à cela, M. le directeur général , que les étrangers qui pourroient être tentés de nous acheter
une certaine quantité de brebis suffisante à raison de leur nombre , pour payer les frais d'exportation, ne voudront certainement pas faire
une affaire dans laquelle il s'agiroit de leur ex-
pédier seulement quelques beliers, qu'ils auroient moyen de se procurer chez eux , puisqu'on ne peut douter qu'ils possèdent aussi des
beliers de race pure. Si les propriétaires de mérinos français n'ont pas la permission de leur
vendre des brebis , ils ne pourront pas leur
vendre des beliers, et la liberté d'exporter ceux-
ci sera illusoire.

Enfin, la dernière objection que j'ai entendu

faire, est que, si l'on permet l'exportation des
beliers et des brebis sur-tout, les troupeaux
mérinos sont perdus pour la France, et, avec
eux, les bénéfices qu'ils donnent, parce que
l'étranger ne manquera pas de nous enlever
tout ce que nous en avons, et pourtant c'est, à
coup sûr, la conquête la plus glorieuse et la
plus utile que nous ayons faite.

J'avoue, M. le directeur général, que je
n'ai pas cru d'abord cette objection sérieuse.
Comme il paroît pourtant qu'on y met de l'importance, je crois devoir y répondre.

Parce que l'étranger rechercheroit nos mérinos, comment peut-on croire qu'il nous les
enleveroit tous? Est-ce qu'on fait avec l'étranger d'autre commerce que celui des objets qu'il
désire? et pour cela s'ensuit-il que le pays qui
fournit à ses demandes se dépouille de la totalité des objets sur lesquels porte le bénéfice de
son commerce? Je défie qu'on me cite aucun
exemple de chose pareille dans l'histoire du
commerce des temps passés et des temps mo-
dernes. Plus un objet est recherché, plus il
augmente de valeur; plus celui qui le possède
y attache de prix, plus donc il cherche à le
conserver, sur-tout si l'objet, au lieu d'être
consommable par lui-même, et dans un temps

déterminé, après lequel il périroit, peut produire un nouvel objet consommable et de commerce, comme le font les brebis mérinos qui, tous les ans, donnent et de la laine et un agneau : les brebis mérinos monteroient, par la recherche qu'en feroit l'étranger, au double, au triple et au quadruple de leur valeur, que ce seroit une raison double, triple et quadruple pour le propriétaire de conserver les moyens de faire par la suite un commerce qui lui donneroit un bénéfice si avantageux ; et jamais il ne consentiroit, à quelque prix que ce fût, à se dégarnir entièrement. L'expérience comme la théorie s'accordent pour confirmer cette assertion, sur laquelle je ne crains pas que l'on consulte des commerçans.

Il est bien heureux que les idées des négocians, en matière de commerce, ne soient pas celles des auteurs de l'objection. Assurément, les nations ne commerceroient plus entre elles, puisqu'elles ne voudroient plus présenter que les objets qui ne seroient point recherchés, dans la crainte que les autres ne leur fussent totalement enlevés par les étrangers.

Mais dans l'intérêt de qui l'objection est-elle faite ? Dans l'intérêt de la France toute entière, répondra-t-on : on veut dire de la France, composée de consommateurs et de producteurs, tels que le propriétaire des mérinos, le marchand de laines, et le manufacturier de draps et autres étoffes pareilles.

Or, s'agit-il de l'intérêt des consommateurs? Eh bien! leur intérêt est que les laines soient au plus bas prix possible; que les propriétaires puissent vendre, puissent exporter, au besoin, leurs mérinos, puisque, s'ils ne les vendoient pas, il faudroit, comme le prouvent les calculs, qu'ils vendissent leurs laines beaucoup plus cher. Qu'importe au reste aux consommateurs où se trouveront les laines? l'essentiel pour eux, est qu'il y en ait la plus grande quantité possible, pour que leur abondance satisfasse aux besoins du plus grand nombre de consommateurs, ce qui est le but principal du progrès des arts utiles : ainsi ils ont intérêt à l'exportation des brebis et des beliers mérinos français que les propriétaires ne peuvent pas garder, pour que ces beliers et brebis aillent produire dans d'autres pays des laines et des animaux qui produiront à leur tour.

S'agit-il de l'intérêt des manufacturiers? leur intérêt est de voir agrandir le marché général où se trouvent les matières premières dont ils ont besoin ; en d'autres termes, leur intérêt est qu'il y ait le plus de laines et de vendeurs de laines qu'il se pourra, afin que la concurrence des vendeurs leur assure les moyens de s'approvisionner soit dans un lieu, soit dans un autre, et les fasse échapper à des conditions de monopole que le petit nombre des vendeurs occasionne toujours. Ils ont donc intérêt aussi à la libre exportation des beliers et des mérinos français.

S'agit-il de l'intérêt des marchands de laines? Je conçois bien qu'acheteurs d'abord, et vendeurs ensuite, ils aient intérêt à restreindre le marché général de la vente des laines, et de s'en réserver uniquement l'accès, qu'ils doivent vouloir empêcher la sortie de France des mérinos français, parce qu'ils ont la preuve qu'alors les propriétaires ne pourront plus continuer leur spéculation, et que la somme des laines sera diminuée, au marché général, de toute la quantité qui en auroit été produite en France. C'est, depuis que les mérinos y sont introduits, le but auquel ils ont toujours tendu ; en soutenant le système de prohibition de l'exportation des mérinos, ils montrent qu'ils ont de la persévérance ; mais je leur demande bien pardon, si je trouve que leur intérêt particulier est en opposition avec l'intérêt général, et doit être combattu avec persévérance aussi.

S'agit-il enfin de l'intérêt des propriétaires de
mérinos (car il paroîtroit que ce sont eux
qu'on veut sur-tout effrayer des suites de la liberté d'exportation)? Ils pourroient penser, en
effet, avoir à craindre de se donner, par la
suite, chez l'étranger des concurrens à la vente
de leurs laines et de leurs mérinos, en y ex-
portant leurs bêtes à laine superfine; mais ils
ont bien une autre crainte, ou plutôt ils courent
un danger bien plus réel, en ne vendant pas
leurs bêtes; car le défaut de vente les réduit à la
nécessité de renoncer à leur spéculation. Autre
chose, ce me semble, est de voir diminuer ses
bénéfices ou d'en voir tout-à-fait tarir la source,
en faisant même une perte de capital très-
considérable.

En second lieu, à quelque prix que tombent
et les laines et les animaux par la grande multiplication de ceux-ci dans différentes parties de
l'Europe, la baisse des prix ne s'opérera jamais
qu'insensiblement, et s'arrêtera toujours au
point où la spéculation cesseroit de donner les
bénéfices naturels à son genre. Les propriétaires
de mérinos n'éprouveront, dans ce cas, que ce
à quoi ils se sont attendus, et ce qu'éprouve
tout spéculateur sur un nouvel objet d'industrie; mais ils pourront du moins continuer leur

spéculation, si on laisse aller le cours naturel des choses.

Au reste, les idées qu'on paroît avoir sur les effets de la multiplication des mérinos et de la quantité considérable de laines fines, ne me paroissent pas exactes. On s'imagine que la grande abondance d'une denrée en fait beaucoup baisser le prix : oui, dans le premier moment, mais au bout d'un certain temps, cette baisse de prix la met à la portée d'un plus grand nombre de consommateurs qui la recherchent et la font remonter à son prix naturel qui est toujours en raison de la recherche de la denrée. Multiplier une denrée n'est donc pas toujours l'avilir ; c'est augmenter les jouissances générales, c'est inviter un plus grand nombre d'individus à la consommer ; et ces nouveaux consommateurs, une fois habitués à un nouveau besoin, consentent difficilement à y renoncer. On sent que je parle ici des denrées de première nécessité, telles que les laines, et, pour un temps ordinaire et de tranquillité.

J'ai peut-être donné trop d'importance à l'objection, et j'aurais pu me borner à montrer que les étrangers n'ont même pas besoin d'acheter nos mérinos pour porter le nombre qu'ils en ont à la plus grande quantité possible, à toute celle

qu'ils pourront élever. Et en effet, ils en ont
déjà beaucoup dont les différens pays étrangers
pourroient s'entr'aider entre eux, ce qu'à
coup-sûr ils ne manqueront pas de faire.
Alors, par l'effet de la prohibition de sortie de
nos mérinos, nous n'aurons pas gagné de re-
tarder les progrès chez l'étranger de l'augmentation des troupeaux de race pure, puisque
nous sommes si jaloux de ces progrès; mais
nous aurons perdu en laissant vendre par d'autres ce que nous aurions pu gagner en vendant
nous-mêmes. Pour apercevoir combien est
prompte en peu de temps la multiplication des
mérinos, il suffit de considérer que c'est depuis
une quinzaine d'années que les mérinos sont
vraiment introduits en France (car il ne faut
pas compter quelques troupeaux qui y étoient
peu d'années auparavant), et déjà les propriétaires et tous ceux qui s'en occupent sont sur-
chargés du croît de leurs troupeaux. C'est
qu'en effet des brebis mérinos qui vivent dix
ans et plus, donnent l'une dans l'autre environ huit agneaux, dont moitié en femelles
qui multiplient de la même manière : on peut
calculer facilement à quel nombre de bêtes un
troupeau de trois cents brebis portières s'é-
levera au bout de dix années.

Cette fécondité est un nouvel argument en
faveur de la nécessité de l'exportation, si l'on
ne veut pas que les propriétaires restent en-
combrés et réduits à l'impossibilité de nourrir
leurs troupeaux, si l'on ne veut pas qu'ils les
détruisent; car c'est là véritablement; je l'ai
prouvé, ce que produira le défaut d'exportation, tandis qu'au contraire la liberté d'exporter donnant lieu à des bénéfices de vente,
encouragera à maintenir la reproduction, suivant cette maxime d'économie politique, que
le débit est l'agent de reproduction le plus
puissant.

Voilà, M. le directeur-général, les différentes objections que j'ai entendu faire. Vous
voyez combien il étoit facile de les détruire.
Mais, que sais-je! si des objections plus étranges
encore ne seront pas présentées de vive voix,
qui paroîtront spécieuses d'abord, et que
pourtant le seul énoncé de faits positifs et
de pratiques d'agriculture dissiperont sur-
le-champ? Je le répète, c'est un grand malheur pour l'agriculture, de ne pouvoir pas
faire entendre sa voix au milieu de tant de
voix intéressées à plaider contre ses droits
légitimes, l'intérêt du commerce et des manufactures, comme si le commerce étoit seule-

ment le transport et le débit des marchandises, et ne consistoit pas aussi dans la reproduction, comme si le cultivateur n'étoit pas
aussi un manufacturier de blé, de vins ou de
laines, et que la reproduction de ces objets, à
raison même de ce qu'ils sont de première nécessité, ne devoit pas être plus encouragée
encore que celle des objets de nécessité secon-
daire ou de luxe. Loin de là, les manufactures
reçoivent tous les encouragemens qu'elles sollicitent, et elles n'en sollicitent jamais qu'aux
dépens de l'agriculture. Une prohibition de
sortie des laines et des mérinos, n'est-ce pas un
droit accordé aux manufacturiers de draps de
se faire donner les laines à meilleur prix que
celui de concurrence? N'est-ce pas une prime
d'encouragement pour eux qu'ils perçoivent
sur le manufacturier producteur de laines?
Cela ne leur a coûté que la distinction des matières premières et des objets manufacturés.
Heureuse puissance des mots !

OPINION

*D'un propriétaire sur l'utilité de protéger
en France la culture des mérinos, et sur
l'urgence de relever au plus vite le courage abattu des cultivateurs.*

S'IL est reconnu en principe que la multiplication des troupeaux fertilise les terres, en
multipliant les engrais ; s'il est prouvé que
l'augmentation des engrais favorise les défrichemens, et que, depuis l'époque de l'introduction
des mérinos en France, il y a une étendue
énorme de terres mises en valeur, qui, avant
cette époque, demeuroient inutiles, alors tous
les économistes conviendront au moins que,
ne voulût-on considérer l'augmentation des
troupeaux mérinos que comme amélioration
dans l'agriculture et augmentation des denrées
de consommation journalière, toujours seroit-
il très – important pour l'état d'ajouter à ses
moyens de subsistance.

Néanmoins, la culture soignée des mérinos,
considérée comme amélioration d'agriculture

I I

et augmentation de denrées, n'est encore qu'un des avantages qu'elle présente, puisqu'il est avéré que, sans elle, la France redeviendroit, comme autrefois, nécessairement tributaire des étrangers, pour se procurer chez eux les laines fines, indispensables aux besoins de ses manufactures.

Ainsi, toute branche d'industrie nationale dont les résultats prouvés sont de perfectionner l'agriculture, de multiplier les denrées de consommation, d'assurer les besoins de nos manufactures, sans qu'il soit nécessaire de porter annuellement nos capitaux chez les peuples voisins, et qui nous fournit en outre des moyens d'échange, mérite nécessairement des soins immédiats et la protection spéciale d'un gouvernement éclairé.

Si ces principes sont accordés, voici maintenant quel est l'état actuel de la France sous le rapport des mérinos.

Cette branche d'industrie y faisoit les progrès les plus rapides, quand, par une fatalité sans exemple, sortit, sous la date du 8 mars 1811, un décret qui ruina les cultivateurs en pure race, ouvrit la carrière la plus vaste à tous les genres d'intrigues, plaça cette industrie dans une dépendance servile, dégoûta ceux dont l'intérêt étoit auparavant de perfectionner les espèces, appauvrit ainsi les races, et coûta beaucoup d'argent au gouvernement.

Et ces vérités, qui sont encore consenties par la France entière, n'ayant pas besoin de preuves, il nous reste à chercher un remède qui, pouvant peut-être froisser momentanément les intérêts particuliers de quelques spéculateurs parvenus à se faire un patrimoine absolu des travaux agricoles, a néanmoins besoin d'être médité en présence des grands intérêts politiques, afin qu'il en sorte un résultat qui, faisant justice à toutes les branches de la société, ménage, en faveur de l'état, la possession de sa richesse, en mettant un terme aux abus; et c'est ici le cas où, avant tout, il faut préalablement encore se rattacher aux vrais principes.

Or, je dis

Qu'attendu que le gouvernement ne peut atteindre à rien sans le cultivateur, comme celui-ci ne peut rien sans sa protection, et qu'en fait d'agriculture, nul ne se livre jamais qu'aux spéculations où il trouve avantage, à plus forte raison négligera-t-on celles qui entraînent annuellement un *déficit* plus ou moins considérable; aussi reste-t-il démontré, pour

11 *

tout homme de bonne foi , qu'en fait de troupeaux , comme de tout ce qui tient au perfectionnement de l'agriculture , le gouvernement et le cultivateur font nécessairement
cause commune.

Il sembleroit que des principes aussi simples
en eux-mêmes devroient réunir toutes les opinions. Néanmoins , il existe une autre branche
de la société que des intérêts personnels entraînent souvent au-delà des bornes légitimes ;
aussi les malheureux cultivateurs , isolés par
leur nature comme par le genre de leurs occupations , sont-ils , depuis plusieurs années ,
aux prises avec MM. les négocians et fabricans
en laines , qui les écrasent par l'ascendant de
leurs moyens.

Le point de la difficulté seroit donc de faire
justice à tous , en commençant par assurer à
l'état le fond des choses sans lequel tout l'édifice s'écroule. Or , il n'existe que les mesures
sages d'un gouvernement éclairé , qui puissent
protéger le foible contre le fort , attendu que
lui seul connoît tout-à-la-fois les facultés de
chacune des branches de la société , que lui
seul peut saisir en grand la chose publique,
que lui seul a la puissance d'arrêter les
usurpations , que lui seul enfin trouve sa

gloire, comme son intérêt, à la vie du corps politique.

N'est-il pas évident :

Que les négocians, quelle que soit la classe à laquelle ils appartiennent, forment un corps si puissant par ses richesses comme par l'étendue de ses relations, que le cultivateur isolé ne peut résister à l'ascendant de ses combinaisons;

Que ce corps, qui veille sans cesse d'une extrémité du globe à l'autre extrémité; que ce négociant d'Archangel dont une lettre suffit pour influencer la bourse de Cadix, est un colosse auquel ne peuvent résister de malheureux pâtres éparpillés, dont le rayon se prolonge à peine jusqu'aux villages les plus voisins;

Que, d'un autre côté, les besoins journaliers du cultivateur le mettent à sa merci;

Que, dans ce genre de culture, l'habitant des campagnes ayant à peine six semaines ou deux mois pour étudier le cours, placer sa récolte et satisfaire à ses obligations, est forcé de se déterminer, sans quoi, manquant l'époque du lavage des laines, celle-ci passée, personne ne veut plus de ses productions; en sorte que son existence est une véritable servitude.

Dans cet état des choses , il arrive que dés besoins plus ou moins pressans , amènent insensiblement le cultivateur aux sacrifices les plus onéreux ; bientôt la récolte d'un beau troupeau , mal vendue , établit une espèce de cours , et il suffit en expérience de quelques négocians plus adroits , ou de quelques propriétaires plus nécessiteux, pour établir un tarif avili qui étouffe immédiatement l'émulation et l'industrie.

Dans cette lutte , le négociant juge sa propre cause ; fort de sa prévoyance , il pourvoit ses magasins d'une quantité suffisante de matières premières , pour alimenter les manufactures pendant l'espace d'un ou deux ans ; il sait à merveille que les cultivateurs sont dans l'impossibilité de les attendre ; qu'ainsi la disette les lui ramènera avec d'autant plus de certitude , que leur défaut d'ensemble les prive de tous les moyens de résistance.

Ces vérités sont palpables pour la France entière ; on les répète dans le moindre de nos hameaux comme dans nos plus vastes cités ; ainsi il est devenu indispensable qu'un gouvernement paternel qui veille sur la chose publique, daigne enfin rétablir l'équilibre qui n'existe plus , quand il est de son intérêt de sauver la décadence absolue à laquelle nous touchons; et voici les moyens que je croirois propres à opérer le bien général :

1°. Rapporter non-seulement le décret inconcevable du 8 mars 1811, mais encore indiquer dans le protocole de l'ordonnance royale les motifs qui déterminent cette mesure;

2°. Y annoncer la volonté la plus expresse d'accorder à ce genre d'industrie une protection égale à son importance, qu'on ne sauroit trop relever;

3°. En recommander l'encouragement à tous les comités d'agriculture;

4°. Promettre des mentions honorables, des médailles d'encouragement, des désignations dans les journaux qui parleroient des cultivateurs qui auroient amené les plus beaux résultats en nombre et en espèces;

5°. Faire enfin que l'émulation des cultivateurs se trouvant liée à leur amour-propre comme à leur intérêt, ils trouvassent sûrement dans les primes accordées par les conseils d'agriculture le débouché probable de leurs troupeaux de vente pour les années suivantes;

6°. Il faudroit ensuite que le gouvernement déclarât formellement qu'il ne fournira plus *gratis* des beliers aux cultivateurs; qu'au con-

traire il fera annuellement la vente des siens au
concours, ainsi que la chose s'est toujours pra-
tiquée, et qu'il ne conservera de bergeries
royales qu'en quantité suffisante pour assurer
en France la pureté des espèces et offrir aux
cultivateurs un point d'encouragement et une
école de bonne agriculture.

Ces premières mesures commenceroient à
opérer quelque bien ; mais ce n'est point encore là le point réel de la difficulté ; car toutes
les branches de la société y trouvant à-peu-près
un intérêt commun, il ne s'élevera vraisemblablement aucun contradicteur.

La véritable difficulté est la liberté du commerce des laines. Sans cette mesure *du moment*,
que peuvent mitiger dans la suite de sages règlemens, le rapport du décret du 8 mars 1811
ne produira aucun effet.

Je crois donc qu'il faudroit accorder, au
moins momentanément, la libre exportation des
laines, sans quoi *la stagnation demeurera la
même* ; mais c'est ici que, sous de spécieux
principes, MM. les négocians et fabricans en
laines combattent les vérités les plus palpables
par les sophismes les moins applicables aux
circonstances.

Et en effet,

Ils diront, ils établiront même en principe absolu et sans amendement :

« Que l'avantage d'un état est d'être aussi
» riche que possible en matières premières,
» sur-tout quand celles-ci, devant être ouvra-
» gées par nos manufactures, peuvent nous
» procurer sur nos voisins l'avantage de leur
» fournir à moindre prix les mêmes résultats;
» et qu'attendu que, pour que le commerce
» d'un état soit florissant, il est indispensable
» de multiplier les moyens d'échange, il de-
» vient de toute nécessité d'en soigner la con-
» servation. »

Les négocians diront encore au gouvernement :

« Que, pour pouvoir lui livrer les draps dont
» il a besoin à un prix plus modéré, il est in-
» dispensable qu'il interdise la sortie de nos ma-
» tières premières, attendu que, s'il toléroit
» leur écoulement, les résultats en pèseroient
» infailliblement sur lui, de même que sur la
» classe entière des consommateurs, qui sont
» tous intéressés à se défendre des prétentions
» exagérées des cultivateurs. »

Ainsi voilà des principes, dont les uns parfaitement justes en eux-mêmes, dont les autres
très-séduisans pour la masse des consomma-

teurs, n'ont qu'une *fausse application*, et entretiennent un mal qui, dans la réalité, ne profite qu'à une très-petite portion de la société,
en conduisant à la ruine effective de la chose
générale.

A ces raisonnemens spécieux n'ayant au fond
d'autre objet que l'*intérêt personnel*, le cultivateur n'opposera que des faits matériels qui
sont à la portée de tous, et ont déjà produit les
résultats que la sagesse auroit dû prévoir.

Les troupeaux mérinos tombent en discré-
dit; et où trouvera-t-on des laines, quand l'a-
vilissement de leur prix aura forcé d'en abandonner la culture?

Ne sait-on pas que, pour obtenir de belles
laines, il faut des soins très-suivis? Que si l'on
peut à la longue s'en procurer d'aussi fines par
la voie des croisemens que par les bêtes de pure
race, toujours faut-il pour le maintien des espèces que les cultivateurs, par la voie des
croisemens, s'entretiennent de beliers de pure
race, sans quoi ils dégénéreroient insensiblement de manière à retomber à peu de chose
près dans la classe des bêtes communes. Ainsi
c'est une chaîne dont tous les anneaux se tiennent, et dans laquelle chacun doit rencontrer
le prix assuré de ses soins, sans quoi elle sera
bientôt rompue.

Or, pour que le cultivateur en pure race se soutienne (et il est à observer que lui seul dirige les résultats), il faut indispensablement qu'il soit assuré du débit annuel d'une partie de ses troupeaux, *qui dépend entièrement du prix des laines;* car si le cultivateur n'a d'autre espérance que la dépouille de ses troupeaux, celle-ci ne couvrant point *à beaucoup près* la dépense qu'exige un bon entretien, il abandonnera nécessairement la partie.

D'ailleurs le cultivateur ne sollicite assurément rien que d'infiniment juste; il demande simplement des mesures qui rendent à sa denrée son prix légitime : il est assuré de le trouver dans la liberté du commerce; il devient esclave si elle lui est interdite.

Est-il raisonnable, en effet, que *le négociant français* soit le seul arbitre de son sort? Le cultivateur est-il moins utile à la chose publique, quand c'est lui seul qui fournit la matière première? Et peut-on se fonder sur la justice du commerçant, quand elle est constamment aux prises avec son intérêt personnel?

Laissons donc enfin de côté les figures, pour atteindre à la vérité.

L'intérêt général de l'état sera toujours dans

la pratique un mot vide de sens ; quand ceux nécessairement appelés à y contribuer n'y rencontreront que leur ruine, et c'est par cette raison qu'une grande partie de la France a déjà abandonné la culture des mérinos.

L'intérêt général de l'état est de s'enrichir des matières premières que peut lui fournir son sol ; cela est positif.

Donc, le gouvernement a son intérêt à corriger les abus qui en tarissent la source.

MM. les négocians ont profité des invasions en Saxe et en Espagne pour en extraire les laines qui encombrent leurs magasins.

De deux choses l'une ; ou cet encombrement existe, ou il est supposé.

S'il existe, comme le cultivateur doit le croire, quand, au moment de chaque récolte, MM. les acquéreurs de laines n'en proposent qu'un prix vil, en donnant pour motif de leurs offres qu'ils en reçoivent de tous côtés, et la surabondance de cette matière ; alors il ne sauroit y avoir de danger à en autoriser l'exportation, qui ne pourroit qu'avoir un résultat heureux, en faisant rentrer en France des capitaux importans chez ceux qui en ont si grand besoin.

Si l'encombrement n'est que supposé, dans

l'intention de refuser le prix légitime , alors il y auroit injustice à rendre le cultivateur son tributaire.

La vérité est que les laines fines paroissent en ce moment très-abondantes en France ; qu'elle en possède peut-être de quoi faire face , pendant deux ans , aux besoins de ses manufactures ; que c'est ainsi que MM. les négocians s'en expliquent lorsqu'ils proposent de les acheter ; et qu'en raisonnant d'après *eux-mêmes* , lorsqu'ils se présentent comme acquéreurs , il est de toute justice de soustraire le cultivateur au joug qui lui est imposé.

MM. les négocians se sont constitués l'intérêt public ; ils se sont appropriés exclusivement cette qualification ; ils plaident en conséquence , et il me paroîtroit cependant que les cultivateurs et propriétaires réunis pourroient être admis au partage ; car enfin , il faut un grand nombre de cultivateurs pour alimenter l'industrie d'un seul négociant , et sur quoi d'ailleurs reposera cette suprématie , quand l'industrie sera détruite ?

Mais que la liberté du commerce soit accordée ; que les barrières françaises soient ouvertes ; que la Belgique , qui nous offroit de si grands débouchés par ses manufactures

abondantes, soit admise à nos marchés; alors
toutes choses reprendront leur équilibre : le
cultivateur français vendra sa denrée le prix
qu'elle vaut ailleurs ; le négociant sera soumis
à la concurrence ; l'industrie renaîtra ; le
moindre villageois travaillera à l'amélioration
de son troupeau, pour partager le bénéfice
sur les laines; alors aussi, le cultivateur en
pure race recueillera le prix légitime de ses
travaux, et je maintiens que toute mesure qui
n'aura pas pour but essentiel de rendre *dès ce
moment-ci la vie à l'agriculture*, en autorisant la liberté du commerce, ne sera qu'un
demi-moyen, qui demeurera sans succès,
parce que tout le mal réside dans les entraves
qu'il éprouve.

Opposera-t-on que, dans ce cas, nos magasins pourroient être épuisés?

Je répondrai que ce seroit un vain prétexte,
puisqu'il suffiroit d'un acte de police pour arrêter les abus, et qu'attendu qu'il ne faut
chaque année qu'une certaine masse de matières pour fournir aux consommations habi-
tuelles de toutes les nations, celle dont les agriculteurs éleveroient de folles prétentions,
verroit bientôt déserter ses marchés, parce
qu'en fait de concurrence de nation à nation,

tout tend à l'équilibre, sans lequel nulle prospérité.

Et d'ailleurs, comment supposer des coalitions possibles de la part d'agriculteurs isolés et
nécessiteux; tandis que dans le commerce,
dont toutes les parties s'entendent aussi facilement qu'elles se réunissent, il n'est besoin
que d'un très-petit nombre d'associés pour
les former.

Et d'ailleurs enfin, si l'on oppose l'épuise-
ment à craindre dans nos marchés, c'est donc
reconnoître que des besoins existent. Or, si des
besoins existent, pourquoi nous opposer l'abondance quand il s'agit d'acheter nos denrées,
et faire mourir de faim le malheureux agriculteur en lui fermant les issues dont il a
besoin.

Tous ces problèmes sont faciles à résoudre.

Sous le gouvernement dont la Providence
nous a si heureusement délivrés, on n'agissoit
qu'avec passion ou par intrigue; mais le gouvernement paternel qui lui succède accueillera
sans doute avec quelque intérêt, de respec-
tueuses observations, dictées par la nécessité.

Quelle que soit la justice qui nous est réser-
vée, il en existe une indispensable à accorder
aux cultivateurs. La longue oppression sous

laquelle ils continuent de gémir, au moment même qui va décider de leur sort, est devenue trop intolérable pour ne pas essayer de s'y soustraire, quand on n'aperçoit pas de cause légitime qui s'y oppose.

En sorte que tout se réduit à ceci : que les uns persistent à s'édifier des fortunes rapides sur l'impuissance reconnue des cultivateurs; tandis que ceux-ci, qui sont les véritables ouvriers, se bornent à réclamer le nécessaire, sans lequel ils seront forcés d'abandonner cette branche de l'agriculture, ainsi que l'ont déjà fait un si grand nombre d'entre eux.

Or, s'ils ont volontairement quitté la partie d'après les résultats qu'ils y ont trouvés, il existe donc un vice frappant dans cette branche d'administration; et comme la culture des troupeaux importe singulièrement à l'état dans la balance du commerce futur, ils est évidemment essentiel de le corriger au plus tôt.

C'est à ces causes que, plus disposé que personne à modifier mon opinion d'après les erreurs que j'aurois pu commettre, et témoin journalier du désespoir des uns, que je partage, comme du découragement général qui nous tue, j'ai pensé qu'il devenoit urgent pour tous d'essayer de défendre nos droits.

J'ai cru qu'il n'existoit pas de meilleur moyen que celui d'émettre publiquement une première opinion , dont (quelle que soit la fortune), il résultera toujours une première impulsion qui doit nous rapprocher de la justice ; et si les principes et les faits consignés dans cet écrit ont donné le secret des maux qui pèsent sur tous les agriculteurs , s'il est vrai que j'aye fidèlement esquissé le tableau de leur position , alors devenu leur juste et légitime défenseur , il est dans l'ordre *de les inviter publiquement , et de la manière la plus positive , à m'étayer de leur signature ,* ainsi que plusieurs me l'ont d'avance assuré , voulant m'encourager à écrire.

J'indiquerai en conséquence comme point central de Paris , et comme homme public , *M. Marchoux , notaire , rue Vivienne , chez lequel on trouvera une liste ouverte , et qui recevra également toutes les lettres d'assenti- ment que l'on voudra bien m'accorder.*

J'ai aussi pensé qu'un avis préalable de cet écrit donné par la voie des journaux pouvoit en accélérer l'émission , et qu'il étoit d'autant plus pressant de s'en occuper, que notre séparation d'avec la Belgique venoit de placer les cultiva- teurs français , qui ne seroient pas IMMÉDIATE-

12

MENT SECOURUS, dans une situation éminemment périlleuse, en ce sens, qu'elle les prive de l'un de leurs plus importans débouchés, et cela au moment même où vont s'ouvrir les ventes, seule époque de l'année *qui fixe leur sort.*

Etant réunis, nous pourrons alors solliciter avec plus d'avantage les regards du gouvernement, et en espérer :

1°. Le rapport du décret du 8 mars 1811, en la manière que je l'ai indiquée ;

2°. La liberté d'exporter les mérinos, attendu que l'invasion de l'Espagne ayant rendu illusoire la prétention de priver les peuples voisins des mêmes avantages que nous, toutes défenses en ce genre n'auroient réellement d'autre effet que celui de les forcer à s'en pourvoir ailleurs ; tandis qu'en autorisant cette émission, loin qu'elle diminuât chez nous la masse des troupeaux, l'intérêt personnel de chaque cultivateur tendroit à les multiplier, comme à en perfectionner les races ; et il arriveroit dans l'expérience que l'augmentation des troupeaux, due à plus de soins et de motifs d'encouragement, compenseroit au moins ce qui pourroit en sortir ;

3°. ET SUR-TOUT la libre exportation de nos laines, ou tout au moins un amendement de circonstance.

Car, par exemple, si le gouvernement se montrant disposé à briser nos chaînes, nous autorisoit à l'exportation *par la voie des licences*, les demandes étrangères les rapprocheroient immédiatement de leur juste valeur.

Dans ce cas, nous cesserions d'être soumis à la discrétion absolue du commerce, qui, voyant que notre indépendance n'est plus impossible, en deviendroit vraisemblablement moins injuste dans ses propositions, et n'auroit plus (jusque dans la discussion des demandes les plus modestes) cette supériorité accablante qui n'est due qu'à l'ascendant de la force, et d'où n'a jamais résulté qu'un tarif avili, dont il sembleroit qu'il lui est interdit de sortir.

Alors il n'arriveroit plus COMME L'ANNÉE DERNIÈRE, et d'une manière si remarquable, comme si remarquée à la vente de Rambouillet, que les commissaires du gouvernement lui-même en seroient réduits à rompre publiquement une *adjudication ouverte*, pour la renvoyer à des temps plus heureux, et cela dans la crainte de nuire aux propriétaires dont ils savoient que cette vente étoit dans l'usage de fixer les prétentions.

Alors le gouvernement, convaincu par les

12 *

effets, seroit bientôt à portée de juger l'équité de nos réclamations.

Alors enfin, nous sortirions d'un esclavage devenu sans limites, et nous en sortirions sur-tout sans aucun danger pour les besoins réels de l'état, qui, nous ayant ainsi rendus à la confiance que mérite sa justice, conserveroit toujours entre nous la balance de la sagesse, sans compromettre ses besoins.

Mais en me résumant, il me reste à solli-citer de mes lecteurs une faveur importante qu'ils voudront bien, je l'espère, ne me pas refuser.

Je désirerois, par exemple, que le public ne m'accusât pas de ne connoître d'important dans le monde que des négocians ou des pâtres; car si je cherche le remède au mal qui tue l'agriculture, comme les médecins provoquent la crise dans les maladies aiguës, je suis encore bien plus éloigné de cet égoïsme, dont on pourroit m'accuser, et je sens à merveille qu'il existe d'abord un principe général, puis trois grands intérêts indispensables à concilier; in-térêts qui, dans mon esprit, se classent dans l'ordre suivant.

Comme PRINCIPE GÉNÉRAL, j'aperçois d'abord le gouvernement, attendu que lui seul réglant

ou ménageant les traités du commerce exté-
rieur, son attitude personnelle est la base de
tous les raisonnemens.

A la suite, je range l'agriculture, parce
qu'étant la cause première d'où tout émane,
en ce qu'elle fournit seule la matière des
échanges, tout cesse si elle est détruite.

J'appelle enfin le commerce comme étant
l'âme du corps politique dont il entretient le
mouvement de la vie, qu'il ne peut lui-même
recevoir pour la rendre ensuite qu'autant
qu'il y trouvera de grands avantages.

Vient enfin le grand tout, je veux dire le
consommateur; j'envisage celui-ci comme la
nation toute entière, dont les autres ne sont
que la partie : ainsi, je pense que tous les
efforts doivent se réunir pour fournir abondamment à ses besoins *aux moindres frais
possibles*, et je dis, voilà le bon gouvernement et la richesse nationale ! Ainsi, le public
verra, je l'espère, que je ne prétends sacrifier personne à nos intérêts.

Mais s'il étoit arrivé que, par suite de mauvais règlemens, et chez un peuple agricole
comme l'est nécessairement le nôtre, et sur-
tout à l'égard d'une nouvelle branche d'industrie, éteinte dès son berceau, on laissât

encore le commerce décider les questions, et juger l'agriculteur sur des mémoires occultes, à la discussion desquels celui-ci ne seroit point appelé; alors le commerce envahiroit tout, parce qu'il est de son essence d'accumuler indistinctement ses conquêtes sans s'arrêter jamais; et c'est là le vice que j'ai cru nécessaire de combattre dans un moment où il paroîtroit qu'on s'occupe de nous.

Par conséquent la guerre que je fais n'existe point du tout contre l'intérêt général, et c'est ce qu'il falloit bien distinguer.

Elle n'existe réellement qu'entre deux particuliers, qui sont *l'agriculteur* et le *négociant*. Or, leurs droits à la protection souveraine sont faits selon moi pour marcher tout au moins sur la même ligne, et il me semble, que si, comme gouvernement, je devois entendre cette grande question pour la juger définitivement, je mettrois préalablement les deux parties en présence l'une de l'autre, pour les suivre dans tous leurs raisonnemens, et *sur-tout* dans tous les calculs matériels, en les forçant de mettre pièces sur table; et, s'il en étoit ainsi, j'estime que le négociant préféreroit nous accorder *les licences* que je réclame, plutôt que de soutenir le paral-

lèle qui s'établiroit enfin entre les résultats ef-
fectifs où le commerce a conduit l'agriculteur,
comparés aux profits qui sortent du lavage des
laines et de la fabrication.

J'estime enfin qu'on y trouveroit aussi matière à faire justice à chacun, et je terminerai
mes opinions par une seule demande :

Nous laisser vivre, car voilà tout le procès.

Le Comte CHARLES DE POLIGNAC,

*Propriétaire des anciens et magnifiques troupeaux de
Stains, si connus par leur réputation méritée.*

DEUX MOTS

SUR L'EXPORTATION DES LAINES ;

Par un Citoyen désintéressé.

L'INTRODUCTION des mérinos en France étoit un des plus grands bienfaits que l'agriculture française pût recevoir. Il fut vivement senti dès l'origine, et il produisit dans l'agriculture la ré- volution la plus heureuse. Un grand nombre de propriétaires se fixèrent dans leurs terres pour suivre, par eux-mêmes, ce nouveau genre d'exploitation rurale. Ils y employèrent des ca- pitaux considérables ; les terres en éprouvèrent une amélioration inconnue jusqu'alors , en ce que les jachères furent supprimées pour être remplacées par les prairies indispensables à la nourriture des troupeaux. Tout, dans le dé- but , avoit fait présager que la France venoit de conquérir une source inépuisable de ri- chesses. Le succès avoit passé les espérances des propriétaires.

Mais , par une fatalité inconcevable , on vit s'arrêter tout-à-coup cet essor heureux qu'avoit pris la culture des troupeaux. Sont-ce les circonstances, est-ce l'intérêt particulier qui précipite la ruine de cette branche d'industrie?

Les circonstances ne sont que le prétexte ; la véritable cause, je le dis à regret, c'est l'inté-rêt particulier.

L'éducation suivie des mérinos en France ne remonte guère au-delà de 1790. Avant cette époque, il y avoit si peu de troupeaux de cette espèce qu'on ne pouvoit pas les compter pour quelque chose. Ce genre de spéculation ayant pris faveur, le nombre des troupeaux s'accrut rapidement. Le 17 février 1792, on s'avisa de rendre une loi qui défendoit l'exportation des laines fines. Cette loi vicieuse, comme nous le verrons par la suite, n'eut pas d'abord d'effet sensible, parce que les produits n'étoient pas en raison des besoins du commerce ; mais à me-sure que ces produits s'accrurent, les mauvais effets de la loi se firent d'autant plus éprouver que, par une bizarrerie sans égale, tandis qu'on défendoit d'exporter les laines de France, on permettoit l'importation des laines étrangères. Il étoit évident qu'en multipliant les approvi-sionnemens de cette denrée, on portoit un coup mortel aux propriétaires de troupeaux en France. L'invasion de l'Espagne mit le comble au mal. La France fut encombrée de laines pillées en Espagne, et le prix des laines françaises tomba de moitié.

Il est démontré que le cultivateur ne peut couvrir les frais d'entretien de son troupeau que lorsqu'il vend la laine de ses mérinos de 35 à 40 sous : au-dessous de ces prix il perd, au-dessus il bénéficie. Aujourd'hui le prix de la laine fine est de 20 à 25 sous. On peut juger, d'après cela, de la perte énorme qu'éprouve le cultivateur. Il est donc temps, il est urgent d'arrêter les progrès du mal, et d'empêcher la perte totale d'une branche d'industrie qu'on a eu tant de peine à établir, et de venir promptement au secours des cultivateurs. Chaque jour l'engorgement augmente, la plupart des propriétaires ont en magasin des récoltes de trois, quatre et cinq années accumulées. Cette laine se détériore et bientôt elle ne sera plus de défaite.

Il ne se présente qu'un seul remède, mais il est infaillible, c'est de permettre l'exportation des laines lavées.

Je connois d'avance toutes les objections que l'on peut faire contre cette proposition ; mais il est facile d'y répondre victorieusement. Je vais tâcher de le faire, et la sagacité des lecteurs

saura démêler aisément la vérité à travers les
sophismes dont l'intérêt particulier cherche à
l'obscurcir.

On pose d'abord comme principe d'économie
politique, que la matière première ne doit jamais sortir d'un pays sans avoir reçu la main-
d'œuvre dont elle est susceptible. C'est autour
de ce principe que se groupent ensuite tous les
corollaires imaginés par les spéculateurs. Mais,
le principe détruit, les corollaires s'évanouis-
sent. Je m'attacherai donc principalement à
détruire le principe.

Il faut, ce me semble, se garder, en bonne
administration, d'établir jamais un principe
d'une application générale, parce que l'expérience a prouvé qu'il n'y avoit pas de théorie
générale qui pût, en matière d'économie politique, s'adapter à tous les lieux, à tous les
temps, à tous les gouvernemens. Et, dans l'espèce, voyons si le principe dont il s'agit et qui
fut posé dans un pays où il étoit vrai, parce
qu'il pouvoit y recevoir son application, est
également vrai pour tous les pays. Est-il vrai
pour les pays qui produisent l'or, le fer, le
cuivre, le bois, le goudron, le chanvre, le
coton, la soie, etc., toutes matières premières? Seroit-on traité d'homme raisonnable,

si on disoit aux habitans de ces pays : vous ne pourrez exporter votre or, votre fer, votre bois, etc., qu'après les avoir préalablement façonnés en vases, en charrues, en vaisseaux ? Seroit-on également admissible à dire que le coton ne peut être exporté de l'Amérique et de l'Inde que filé ou tissu ? Seroit-on enfin reçu à démontrer aux pays qui sont essentiellement agricoles que les produits de leur agriculture ne peuvent être exportés qu'après avoir subi telle ou telle préparation ? S'il en étoit ainsi, tous les liens du commerce seroient rompus, et les peuples n'auroient plus d'autres relations entre eux que celles qui seroient entretenues par la politique.

C'est ainsi qu'en voulant établir des théories générales, on est insensiblement poussé jusqu'à l'absurde.

Et cependant j'avoue que le principe dont il s'agit, quoique faux en général, peut être quelquefois vrai ; mais c'est eu égard aux temps et aux lieux. Ainsi, que l'exportation des laines soit défendue en Angleterre, je le conçois, parce que la reproduction n'y est pas en proportion avec la consommation qu'en font les fabriques. S'il en étoit de même en France, la défense d'exporter les laines seroit également

utile et conforme à la raison ; mais il en est tout
autrement. Il y a excédant de reproduction.
Les suites nécessaires de l'accumulation des
excédans de chaque année, sont d'opérer une
baisse ruineuse pour la reproduction. La question est donc de savoir si on laissera périr l'ar-
bre, plutôt que d'en couper une branche dont
un voisin pourroit profiter. Et encore, comment en profiteroit-il? Il faudroit qu'il la payât.
Ce seroit toujours un produit du sol qui entre-
roit dans la masse générale des bénéfices de
toute nature.

Je ne pense pas qu'il puisse y avoir de doute
à cet égard, et personne ne peut vouloir que
cette branche d'industrie, que nous avions
conquise sur l'Espagne, périsse pour satisfaire
à telle ou telle abstraction métaphysique ; ce
seroit nous reporter aux temps où l'on disoit :
« périssent les colonies plutôt que les prin-
» cipes ! »

Mais, objectera-t-on, la mesure de l'exportation nuira à vos fabriques, 1°. parce qu'elle
tend à faire élever le prix des laines ; 2°. parce
qu'elle servira à alimenter les fabriques étrangères de matière première.

C'est ici l'un des corollaires dont j'ai parlé ;
mais, en l'établissant, on ne s'aperçoit pas

qu'on trace un cercle vicieux. En effet, d'un
côté on ne veut pas permettre l'exportation des
laines pour que le prix en reste constamment
abaissé au profit des fabriques françaises ; d'un
autre côté, l'infériorité du prix des laines tend
à anéantir la reproduction de cette denrée ;
d'où il suit que, pour avoir la laine pendant
quelque temps à bas prix, on s'expose à la
payer par la suite un prix exorbitant, et l'on se
met dans la nécessité de la faire venir, comme
par le passé, de chez nos voisins. Or, que de-
viendront alors nos fabriques, si les Espagnols,
les Saxons, etc., mettoient en exécution le
grand principe qu'aucune matière première ne
doit être exportée sans avoir été mise en
œuvre ? C'est ainsi que la prospérité à venir de
nos fabriques et de notre agriculture, peut
être sacrifiée à l'intérêt d'un moment, à l'intérêt de quelques fabricans qui s'embarrassent
fort peu de ce qui arrivera un jour, pourvu
qu'ils fassent une fortune rapide à l'aide d'une
occasion favorable. Sans doute l'exportation
des laines en fera hausser le prix ; mais cette
hausse est relative. On ne peut pas dire que le
prix d'une denrée hausse, lorsqu'il prend son
niveau avec la valeur intrinsèque de la denrée,
qu'une circonstance imprévue avoit dépréciée.

C'est lorsqu'il s'élève au-dessus de ce niveau, que l'on peut dire qu'il y a hausse. Jusque-là, c'est une amélioration.

Il est évident qu'une denrée ne peut pas rester au-dessous des frais de reproduction ; car, dès-lors, le cultivateur abandonneroit une culture ruineuse pour lui. Nos fabriques doivent donc s'attendre à ce que le prix de la laine s'élève, au moins, à 45 sous ; on ne peut donc pas dire qu'une hausse relative au prix actuel nuira à nos fabriques, puisqu'il faut que la chose arrive, puisqu'il est contre nature qu'elle n'arrive pas, puisqu'il est nécessaire que le prix qui est actuellement de 20 à 25 sous, s'élève jusqu'à 45 sous ; aussi, nos fabriques établissent-elles leurs draps d'après ce dernier rapport, et comme si la laine leur coûtoit 45 sous. L'on peut, d'après cela, juger des bénéfices qu'elles font, et de l'intérêt qu'elles ont à ce que cet abus se propage.

Mais, ajoute-t-on, l'exportation servira à alimenter les fabriques étrangères, en matière première.

Quand cela seroit, qu'en veut-on conclure ? Qu'il faut laisser les fabriques étrangères manquer de matières premières, parce qu'elles seront obligées de fermer leurs ateliers, et qu'alors les débitans étrangers seront forcés de s'approvisionner dans nos fabriques ?

Cette conclusion est hasardée, pour ne pas dire erronée. En supposant même que les fabriques étrangères (ce qui n'est pas vrai), ne pussent s'approvisionner de matière première que chez nous, il ne faudroit pas s'imaginer pour cela que nos voisins seroient obligés de se fournir de drap dans nos fabriques. Quelle que soit la bonne qualité de nos draps, les Anglais parviendroient encore à donner à meilleur marché que nous, et à des termes de crédit si éloignés, qu'il nous seroit impossible d'entrer en concurrence avec eux. On sait que les Anglais donnent un an, dix-huit mois et quelquefois même deux ans de crédit aux marchands. Quelle est la fabrique française qui peut faire un tel avantage à ses correspondans ? Ainsi, en supposant qu'on pût obliger les fabriques de la Belgique à fermer leurs ateliers, on auroit uniquement travaillé pour les Anglais. Les Belges n'ont jamais tiré de France que les draps noirs et écarlates, et quelques lainages grossiers d'Amiens et d'Abbeville. Ils se sont toujours fournis à Verviers, à

Limbourg, dans la Hollande et l'Angleterre. Nos draps de Sedan et de Louviers étoient trop chers pour eux ; ils compensoient la qualité par le bon marché et la belle apparence des draps anglais.

Les adversaires de l'exportation présentent une dernière objection, et qui est la plus spécieuse de toutes celles qu'ils ont faites.

Le bas prix de la laine, disent-ils, est l'effet des circonstances. Il y a stagnation dans nos fabriques ; mais, dans peu, les ateliers reprendront leur activité ; jusque-là il ne faut pas laisser emporter les laines, parce qu'on en manqueroit au moment de la reprise des travaux.

Je pourrois nier la stagnation dont l'on parle ; il me seroit facile de prouver que l'activité de nos fabriques étoit telle, il y a six mois, que, dans l'impossibilité où elles étoient de fournir aux besoins des armées, on fut obligé d'habiller un grand nombre de régimens avec des draps fins. Depuis, les étrangers ont vidé une partie des magasins de Paris et des départemens. Comment donc peut-il y avoir stagnation dans les fabriques ? Il y a deux ans que le prix de la laine diminue ; ce n'est donc pas à une stagnation du moment qu'on peut attribuer une baisse qui remonte à deux ans.

Mais je veux prendre l'objection dans toute sa force. Il y a, dites-vous, stagnation dans les ateliers. Eh bien! moi, je prétends que cette stagnation n'est pas l'effet des circonstances, mais que la diminution dans la vente est le résultat nécessaire d'un retour vers cette économie qui proportionne la dépense aux revenus. Sous un gouvernement où il n'y a rien de stable et où la rapidité scandaleuse des fortunes laissoit justement douter de leur solidité, on dépensoit follement et au jour le jour. Le luxe avoit pénétré jusque dans le hameau; et tel paysan, qui ne se faisoit faire jadis dans tout le cours de sa vie qu'un seul, ou tout au plus deux habits de drap fin, suivoit depuis la révolution les modes de Paris. Il ne faut pas en douter : le retour à l'ordre, la médiocrité des fortunes en général, et sur-tout la nécessité de réparer les malheurs que l'on vient d'essuyer et dont il est peu de parties de la France qui soient exemptes, ont changé les idées et les ont tournées vers une économie devenue nécessaire, soit pour réparer les pertes, soit pour parer aux besoins à venir. Cette économie, qui aura pris sa source dans des désastres qui laisseront

de longs souvenirs, jettera de profondes racines dans toutes les classes de la société, et déjà
l'on commence à en faire gloire, comme il
y a peu de temps on faisoit parade de son
luxe.

Ainsi donc cette diminution, que l'on an-
nonce exister dans la vente des draps, ne sera
pas l'affaire d'un moment, comme on voudroit
le faire croire; et si l'on attend qu'elle cesse
pour voir s'élever le prix des laines, on atten-
dra assez de temps pour voir, avant, la ruine
totale de la culture des mérinos en France.

En somme, je propose à mon tour, en faveur
de l'exportation, un argument contre lequel
viendront échouer tous les sophismes des monopoleurs, sous quelque titre qu'on les range;
c'est que la France est essentiellement agricole,
c'est que l'agriculture française est la plus belle,
la plus riche fabrique qu'il y ait en Europe.
Nos voisins, les Anglais, échangeroient volon-
tiers toutes leurs machines, tous leurs métiers
contre quelques-unes de nos provinces. Ils sen-
tent bien les avantages immenses de l'agriculture sur l'industrie manufacturière. Une seule
guerre peut ruiner un pays uniquement manufacturier. Rien ne peut ruiner un pays agricole;
car le sol et la nature sont toujours là pour ré-

13 *

parer les pertes. Aussi nos voisins rient-ils en eux-mêmes des efforts que nous faisons pour imiter leur système commercial, imitation dont le résultat est de tuer notre agriculture.

Je ne suis point exclusif. Je ne veux point nuire à l'industrie fabricante ; mais que l'on ne ruine pas l'agriculture en faveur des fabriques. Le grand but de l'administration générale doit être de voir ce qui convient au bien-être de chaque genre d'industrie, d'empêcher qu'ils ne se nuisent réciproquement, et de s'interposer pour empêcher les frottemens qui tendroient à rompre les ressorts de l'un ou de l'autre.

Il résulte de tout ce que je viens de dire que, sous quelque point de vue qu'on envisage la question que j'ai traitée dans ce mémoire, on ne peut au moins s'empêcher d'assimiler la laine aux matières premières qui sont des produits de notre agriculture ; qu'en conséquence elle doit jouir du droit dont jouissent même nos blés, et que l'exportation en doit être permise sous les restrictions que nécessiteroient les circonstances en cas de disette.

. . . .

Ce mémoire étoit terminé lorsque j'ai reçu

l'ouvrage de M. *Gabiou*, qui traite la même question. J'ai eu l'avantage de me rencontrer avec lui dans plusieurs points et d'employer à-peu-près les mêmes argumens.

Mais son ouvrage contient beaucoup plus de développemens, et j'engage à le lire ceux qui voudront connoître à fond cette importante question d'économie politique.

TABLE DES MATIÈRES.

(199)

Fin de la Table.

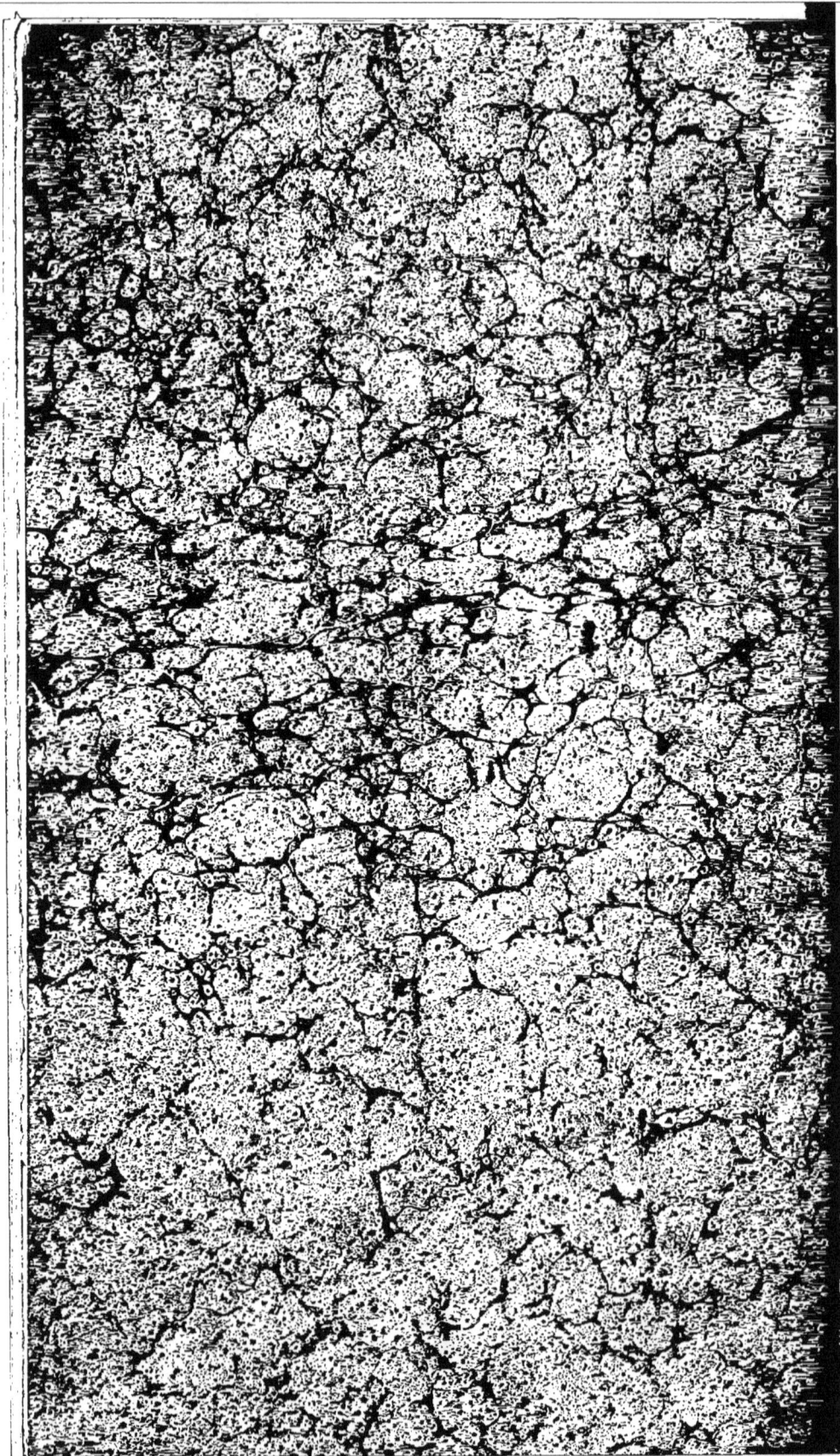

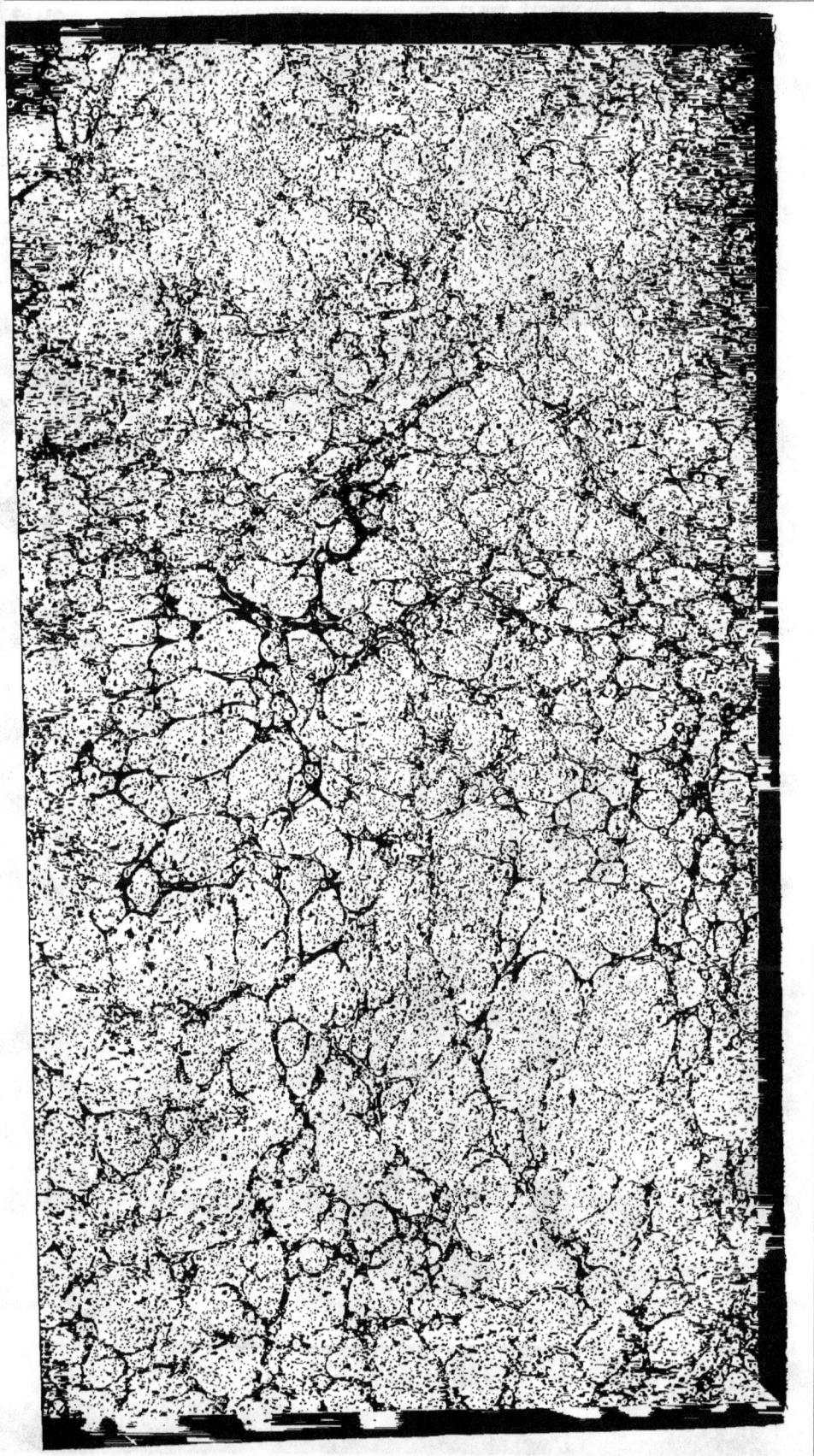

www.ingramcontent.com/pod-product-compliance
Lightning Source LLC
Chambersburg PA
CBHW070532200326
41519CB00013B/3018